The Secret Life of Birds

Breeding & Movement

大樹自然
放大鏡系列 3

野鳥放大鏡

住行篇

The Secret Life of Birds
(Breeding & Movement)

大樹自然
放大鏡系列 3

野鳥放大鏡

住行篇

The Secret Life of Birds
(Breeding & Movement)

出版序 PREFACE

野鳥私生活大公開

台灣的賞鳥風氣在許多愛好者和保育團體的努力下，日益蓬勃發展，賞鳥應該可算是台灣自然觀察活動中最為成熟的一項，不僅喜愛者眾，就連相關的攝影或生態紀錄片，成績都非常可觀。

賞鳥的最大好處就是隨時隨地皆可進行，一個人可以，一群人也行，有望遠鏡最好，用肉眼也無所謂。除了眼睛的饗宴外，耳朵也有無上的享受。每種鳥類都有其獨特的鳴聲，主角清唱好聽，混聲合唱更是天籟。最好的還有每年秋季之後，遠方的鳥兒不遠千里來到台灣這個蕞爾小島，或短暫歇息，繼續南遷，或在此度過整個冬天。於是台灣一年四季皆有鳥可賞，喜愛賞鳥的人真的會樂不思蜀。

記錄鳥類的方式，每位賞鳥者都不同，有的喜歡拿著圖鑑直接註記在書頁上，包括出現的時間、月份、地點等；有的則喜愛拼鳥種的多寡，於是上山下海四處奔波，只為再添一筆新紀錄；有的則用攝影一一拍下野鳥美麗的倩影，甚至不惜投資買下昂貴的攝影器材，挑戰高難度的拍攝。

於是野鳥的資訊空前發達，一向新聞媒體少有興趣的自然題材，似乎獨厚鳥兒，許多野鳥也得到莫大的關注。但我們真的夠瞭解這一群時時刻刻出現在身邊的野鳥嗎？對牠們的生活了解究竟知道多少？

作者許晉榮先生窮十餘年的光陰，默默記錄著野鳥生活的真貌，同時也親眼見證了許多不為人知的習性，這樣的圖像紀錄不再只是拍到鳥類美麗的外貌，而是真切地為大多數人打開了一扇窗，讓我們第一次有機會一睹野鳥的私密生活，原來牠們也和我們一樣，有著食衣住行的煩惱，也有許多問題需要解決。

這樣的介紹角度應該是台灣首見的，大樹自然放大鏡系列的『野鳥放大鏡』真摯推薦給所有愛護自然的朋友，作者的投入與成績是有目共睹的，十餘年的紮實工夫，不僅是攝影的精進，還有對野鳥的深入觀察，才能捕捉到許多難得一見的畫面。但願本書的出版是拋磚引玉，讓更多自然愛好者願意持續記錄台灣生物的真貌，讓生活在台灣的人認識台灣這塊土地的真風貌。

親眼目擊鳥類的奇妙生活

和晉榮認識，是在野外因拍鳥而認識的，志趣相同，年齡相當，是一個蠻談得來的朋友。十多年來他不務正業，一頭栽進鳥類生態攝影的行列。晉榮行事風格低調，作品少有發表，這次因緣際會，能夠將多年努力的成果，成書發表，可說是出版社慧眼識英雄，相信讀者眼睛也會為之一亮。本書可說是晉榮十多年來的心血結晶，晉榮雖非科班出身，但憑藉著對自然及攝影的熱愛，野外的經驗及對鳥類的知識都相當豐富，在攝影技巧上更是力求突破，一般扛著大砲（長鏡頭）追鳥的拍鳥方式已經不能滿足他了，總是設法拍些與衆不同的畫面，這些畫面都是透過長期觀察後，運用獨特的視野及耐心漫長的等待中而得來的，誠屬不易。

鳥類的世界是多采多姿且引人入勝的，目前坊間關於鳥類的攝影書籍也有不少，不過大多偏向種類辨認圖鑑式的書籍，同質性偏高，對各種鳥類的有趣行為或有提及，但著墨較少。這本書以本土出現的鳥類為主，以牠們不同的身體構造，淺談其功能及特性，或是那一種鳥對那些食物有所偏好等等，以及將牠們日常生活中各式各樣的行為，做有系統的整理介紹，有鳥類教科書的功能，但絕對是一本有趣且引人入勝的鳥類教科書。透過晉榮入微的觀察，以及精湛的攝影技巧，佐以淺顯的文字，圖文並貌，相信本書能讓讀者對鳥類的知識有更深入的瞭解。

近年來拜數位科技的進步之賜，影像數位化之後，喜歡攝影的人口直線上升，蔚為一股風氣，生態攝影更是如此，能夠以個人喜好的生態攝影為業，是很快樂的工作，一般人應該都會很羨慕才是，但這條路走起來卻也非常的辛苦，經濟的壓力、體力的付出等等總是不為外人所知。晉榮最近又執著於自然環境聲音的錄製，一如他的一貫作風，總是傾家蕩產不計後果的投入。唯有堅持，才能持續，也才能有美好的成果，期待不久的將來，可以聆聽出自晉榮的美妙之音，在此與他共勉之。

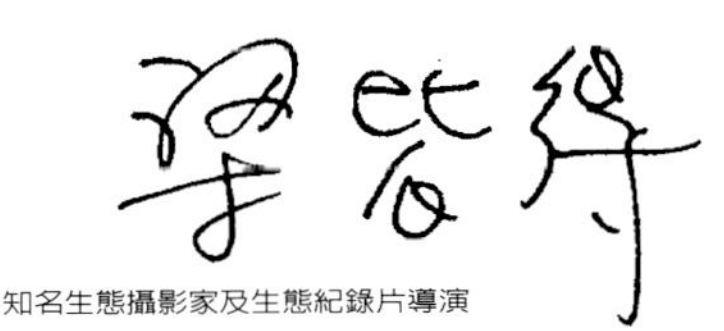

知名生態攝影家及生態紀錄片導演

作者序 PREFACE

鏡頭下的野鳥世界

自幼生長在高雄縣鄉下地方，當時環境尚未遭到工業化的嚴重污染，而溪溝與稻田裡魚蝦、青蛙成群，荒地和綠野間則棲息了各種昆蟲；印象中，歡樂的童年便是在釣青蛙、灌蟋蟀和在路燈下捕捉甲蟲等活動中愉快的度過 。

雖然幼年時便經常躺在柔軟的草地上，仰望著高空幻化的白雲發呆，憧憬著如同鳥兒般無拘無束的自由翱翔於天際。但和鳥類結下不解之緣應該是開始於有一次颱風天瞞著父母，冒著風雨搶救回飄搖欲墜的鳥巢，並且整夜不敢稍加鬆懈，卻又極度生疏的當起了雛鳥的代理親職。當時對於鳥類的名稱和食性、行為等均一無所悉，就在首次照顧幼鳥的任務受挫後，便興起了認識野鳥的念頭。

當兵時抽到金馬獎，除了返台休假之外，整個役期都在金門度過。在尚未解除戰地政務的緊張年代，金門雖然到處鳥況空前，卻不容許在管制區域徘徊張望，所以部份同袍視為畏途的晨昏體能路跑訓練，環繞太湖一圈再回到部隊，對我而言，反而成為愉快的觀鳥路線。

投入程式設計工作幾年後，蟄伏在內心深處屬於野外不羈的躁動，讓我開始蠢蠢不安於室，從事鳥類觀察一路走來，親眼見到台灣環境的急劇變遷，心中油然興起記錄生態環境的念頭，隨即辭去工作從事鳥類生態攝影，開始過著縱橫山野、餐風露宿的野夫生活。

本書的內容集結了十幾年來我對野鳥世界的探索與紀錄，分別就鳥類的覓食方法與技巧、羽翼的功能與維護、繁殖與鳥巢的形態和移動行為類型等章節，將自己在野外的親身觀察以圖片實例的方式呈現，最後並探討鳥與人類、植物以至整個生態環境間的相互關係。

本書進行圖文篩選階段，適逢父親病危辭世。失怙之痛一度萬念俱灰，出版進度幾近停擺；感謝好友吳尊賢主編、總編輯張蕙芬和所有關懷的親友們持續鼓勵，本書才得以幾經波折後還能夠催生出來。也感謝好友梁皆得，在百忙中還抽空為吾等平庸之輩跨刀寫序。

最後將這本書獻給對家庭和子女的照顧無微不至的慈愛父親，並感謝您對我不務正業的志趣給予最大放任與支持，謹將十幾年來野外採集觀察的紀錄精粹集結成冊以告慰父親在天之靈。

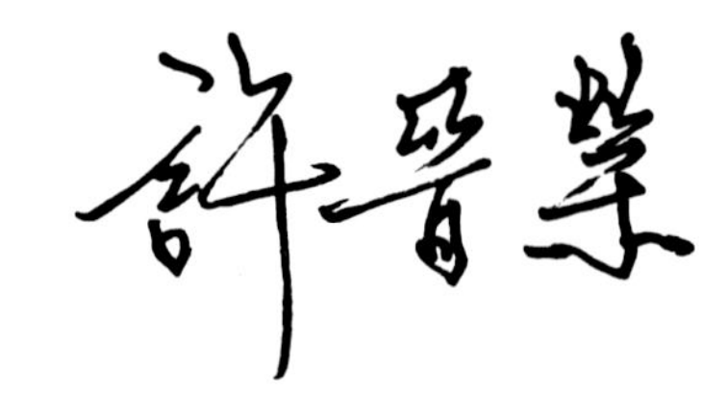

Chapter ① Breeding 比翼雙飛

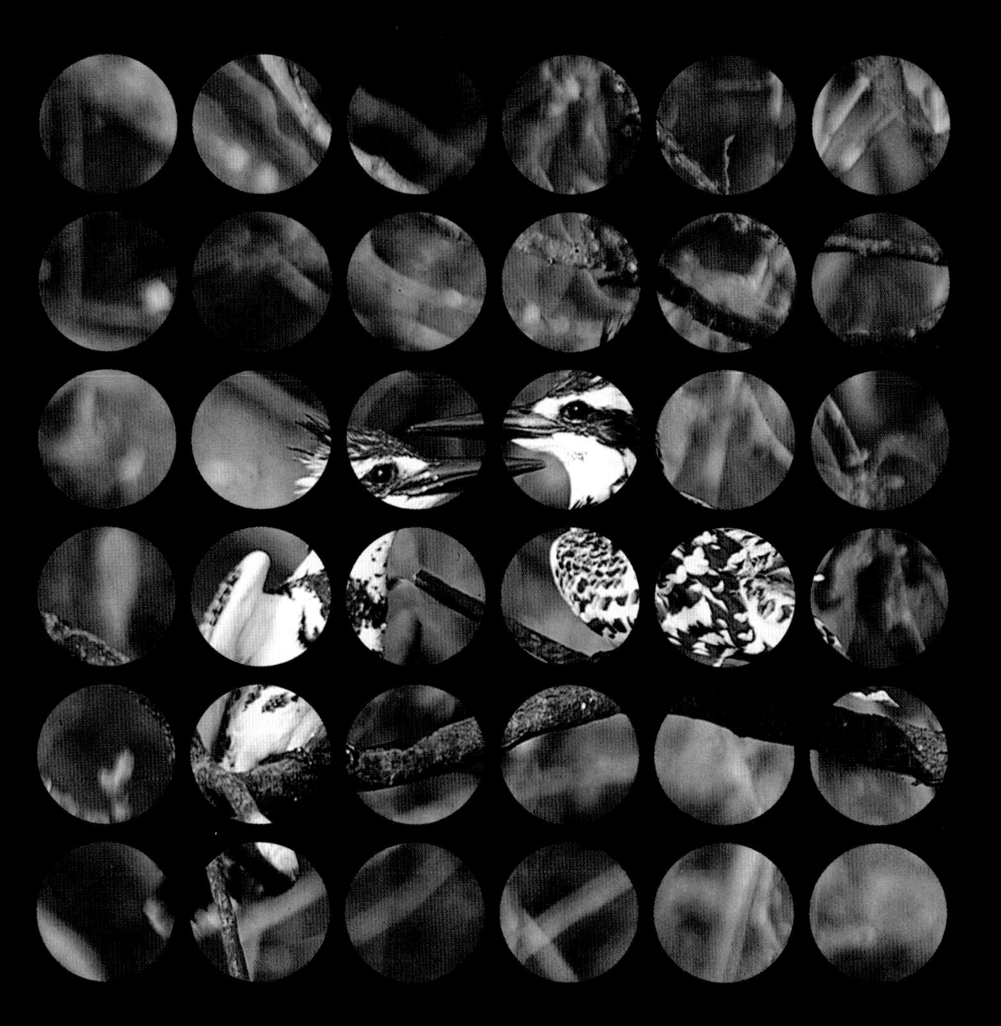

point 01

Chapter 1 比翼雙飛

結婚的季節

白耳畫眉在初春繁殖期一開始，就積極展開求偶行為並完成配對，此時形影不離的雌雄鳥，出雙入對共築愛巢。

鳥類生命中首要的任務就是將自身的基因藉著繁殖延續下去，而決定鳥兒繁殖時機最重要的因素便是食物，因此鳥類通常會選擇在食物供給量最多且穩定的季節裡繁殖，以便有足夠的食物餵養下一代。

為了迎合昆蟲、果實等自然食物供應的顛峰期，居住於溫帶地區的鳥類，通常在春季至初夏時節繁殖；在有明顯乾濕季交替的熱帶地區，鳥類的繁殖活動則與雨季同步，如此才能確保有豐富的食物育雛；而返回極地繁殖的鳥類，為了能夠在極短的永晝繁殖期間內順利完成基因延續的重任，牠們在初春便開始展開求偶配對，並於返抵繁殖地後馬上開始孵育下一代。因此一個地區的區域特性與氣候，以及這些因素對於食物的影響，是決定鳥類繁殖時間的重要因素。

不同種類的鳥兒，配對形式也不盡相同，約有高達90%的鳥類採一對一單配，採取此種配對方式的鳥兒多會一起分擔撫育幼鳥的責任；其餘的10%則選擇一對多的交配方式，包括喜愛三妻四妾的雄鳥與習慣男伴多多益善的雌鳥等形式。然而，選擇何種配對方式，無關乎感情忠貞與否，而是鳥類根據所在環境的特質與生理結構，長久以來所演進出的最佳繁殖形式。

1. 斑翡翠選擇食物來源穩定的季節開始繁殖行為。
2. 金翼白眉（玉山噪眉）在繁殖初期，常藉由彼此依偎和相互理羽，以展現互信忠誠與培養默契。
3. 小白鷺藉由產卵孵化並細心照顧呵護的下一代，將雌雄雙方的基因傳承下去。
4. 大冠鷲幾乎投注了所有的資源在育雛的工作上。

point 02

Chapter 1 比翼雙飛

夫妻同心

大多數的鳥類會選擇以「一夫一妻」的方式繁殖育幼，通常築巢孵卵與育雛的工作由雌雄鳥雙方平均分擔，但也有孵卵的任務由其中一方獨立執行，配偶則需要負起警戒守衛和供應食物等工作；也因為繁殖大計由雌雄鳥共同負擔，所以子代獲得的照顧也比較完善周到。一夫一妻的兩性平權繁殖模式以晚成性的鳥類為大宗，因為其雛鳥剛孵化時全身光禿無毛，而且兩眼未開不能視物，唯一的反射行為是對微震的窩巢直覺反應，抬起並搖晃纖細的頭頸，接著極力張開嘴喙索討食物。其脆弱無助的赤裸軀體尚且需要親鳥孵雛保暖幾天後，才能獨自在巢內等待雙親帶回需求日益殷切的食物。

一般而言，比較長壽的大型鳥類，如雁、天鵝和部份猛禽採取固定配偶從一而終的伴侶關係，忠誠與堅貞的好處是牠們經常將巢築於同一地點或是相同領域之中，藉由長期建立起良好默契的配偶關係，與經年累月對繁殖環境的熟悉程度，其繁殖的成功機率也相對提高。正因為牠們體型較為龐大，幼雛需要花費更長的撫育時間才能完全獨立，所以每年唯一的繁殖機會能否成功便顯得格外重要。

然而大多數行一夫一妻配偶關係的鳥類，只在繁殖期內共同生活，通常小型鳥類的壽命較為短暫，保持恆久的配偶關係並沒有顯著的利益。

左頁圖：黑面琵鷺對於剛孵化的雛鳥更是呵護有加，當親鳥蹲伏在巢中孵雛時，其配偶除了外出覓食的時間之外，幾乎都是守候在巢邊擔任警戒護衛的工作；當陽光逐漸炙烈，還會體貼地微張雙翅，如撐傘般幫配偶與雛鳥遮擋陽光的直接照射。由於黑面琵鷺的戀巢性頗為強烈，對於長時間獨佔巢雛的配偶經常主動催促，使其起身離開以接替照護雛鳥的工作；而被催促的一方也常表現出心不甘情不願的眷戀不捨，仍會在巢中停留片刻後才飛出去覓食。

1. 黑枕藍鶲雌雄鳥共同育雛的繁殖模式，可以讓幼雛得到比較完善的照顧。

2. 小鷿鷈雖然是半早成性的鳥類，但因為巢中尚有卵還未完全孵化，所以當親鳥還在進行孵卵與孵雛的同時，其配偶便需要一肩挑起帶回食物餵養幼鳥的任務。

3. 鳳頭燕鷗採集體營巢並由雌雄鳥輪流孵蛋，除了外出覓食之外，配偶通常站立於巢邊擔任警戒工作。

point 03

Chapter 1 比翼雙飛

夫以妻為貴

彩鷸雌鳥完成產卵後就會離去，並繼續與其他雄鳥配對再產下另一窩蛋，而體色較為樸素且保護色良好的雄鳥，則一肩擔負起孵卵和照顧雛鳥的艱鉅任務。

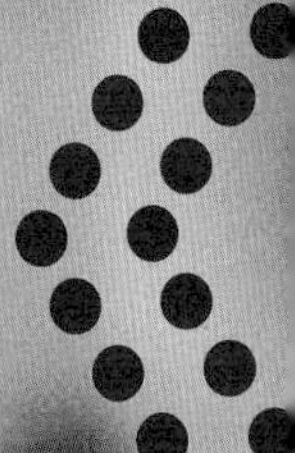

以「一妻多夫」這種性別互換方式繁殖的鳥類，雌鳥的體型通常比雄鳥大，羽色也比較美。其中最具代表性的鳥類為水雉，水雉的雌鳥和雄鳥交配產卵之後，會留下雄鳥負責孵蛋，自己則在佔領的領域中繼續與其他受吸引而來的雄鳥再交配產卵。雌水雉雖不擔負孵卵育雛工作，卻會持續監控自己領域中數個窩巢的動靜，隨時驅逐外來入侵者，以保護其巢卵的安全。水雉採取此種配對方式以增加育雛的成功機率。因為水雉築巢於池塘或草澤的浮葉植物上，隨時會面臨卵與幼鳥沉入水中或遭掠食者捕捉的危險，因此雌鳥必須省下孵蛋和育雛的時間，用以多交配產卵，藉著巢卵數量的加倍來分散風險以提高族群的數量。

鳥類繁殖時性別倒置還有一個典型的例子就是彩鷸，生活在草澤濕地的彩鷸夫婦，雌鳥的羽色比較豔麗，藉以花姿招展的主動對雄鳥求偶示愛，在短暫的配對生活之後，雌鳥便將產下的4～5顆蛋留給羽色樸素、隱蔽性良好的雄鳥，由雄鳥獨自孵蛋和照顧幼鳥。此時雌鳥將再尋覓另一單身雄鳥，以增加產下後代的個體數量，但因為產卵也是需要消耗大量的能量，所以雌鳥在繁殖期間會選擇食物來源充沛的環境，努力進食以補充密集生產數窩蛋的高能量消耗。

1. 紅領瓣足鷸雖然也是屬於雌鳥羽色較雄鳥華麗的雌雄倒置配對繁殖形態，但不同的是雌鳥產下卵之後，就不再與其他雄鳥配對繁殖。原因可能是繁殖地處於北極凍原，適合繁殖的期間短暫，不足以完成後續的求偶、配對、築巢、產卵、孵蛋以及幼鳥順利成長獨立等各個繁殖階段。

2. 棕三趾鶉同樣是雌鳥的羽色較雄鳥華麗，在繁殖季節裡經常發現配對的棕三趾鶉，婦唱夫隨形影不離的漫步於田間小徑。

3. 水雉雌鳥體態較雄鳥略微壯碩豐腴，巧妙運用一妻多夫的繁殖配對機制，由雄鳥負擔所有孵卵育雛的工作，來倍增成功育雛機率。

point
04

Chapter 1 比翼雙飛

三妻四妾

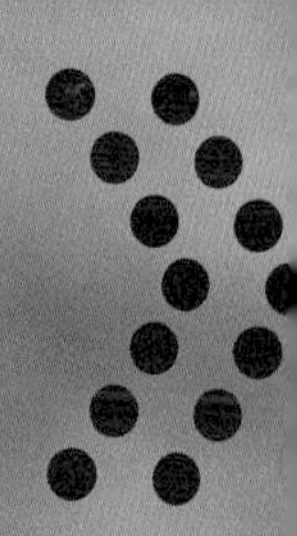

選擇「一夫多妻」配對方式的鳥類，繁殖期間雌鳥不依賴雄鳥協助築巢、餵養幼鳥與保護領域，雄鳥在短短幾秒鐘的交配之後即會離去，接著由雌鳥獨力撫育幼鳥。此種繁殖方式通常盛行於具有大量昆蟲以及茂盛結果植物的地區，因為只有在食物供應豐盛且可以輕鬆覓食的環境裡，雌鳥才能獨自勝任艱辛的育雛工作。

另外一夫多妻的繁殖配對形態也容易出現雛鳥為早成性的鳥種，如雉科、鴨科和部份鷸科鳥類；繁殖初期雌鳥會大量覓食，以便有充分的能量生產出營養足夠的幼鳥，只要一經孵化就身手矯健。通常這類幼鳥在孵化數小時之內便能行走、游泳，並跟隨在親鳥身旁學習以及自行覓食。雌鳥在一旁只是擔任警戒和照護的工作，當幼雛羽翼豐滿並能開始獨立飛行時，雌鳥對幼鳥的照顧工作才告結束。

黃頭扇尾鶯採一夫多妻的繁殖配對形態，公鳥在其劃定佔據的繁殖領域，視食物供給的質量而定，最多能夠同時擁有四個繁殖巢；孵蛋育雛的工作完全由雌鳥獨力完成，公鳥只要站在領域或疆界的突出枝頭上，努力鳴唱以宣告領土，並不時在領土內巡視以驅趕入侵和企圖爭奪繁殖領域的其他雄鳥。

藍腹鷴雄鳥在繁殖季節同時與數名女眷共同生活，由雌鳥負責孵卵和照顧幼雛，而雄鳥只要巡示領域和驅趕入侵的其他雄鳥以保護家眷的安全，並不需要負責任何孵卵和照顧撫育幼鳥的任務。

左頁圖：帝雉和其他大型雉科鳥類，其雌雄鳥之間的體色差異頗大，公鳥藉著展示華麗的羽翼和繁複殷勤的求偶舞姿，對體態平淡素雅的雌鳥展開熱烈追求，在繁殖季節雄鳥間為了爭奪地盤和爭取與雌雄交配的機會，經常以腳脛上特有的尖銳距刺相互攻擊大打出手。行一夫多妻繁殖機制的帝雉，其姿態挺拔、羽色亮麗完整和求偶舞姿精湛的優勢雄性個體，有機會同時受到數隻雌鳥的青睞，而形成一雄多雌的繁殖族群共同生活。

羅文鴨雄鳥通常聚集在顯眼的開闊水域，公開招展華麗的繁殖羽飾和彼此較量肢體行為，並對圍觀的雌鳥展開熱烈追求，當完成交配雌鳥開始產卵之後，此時雄鴨便對雌鴨失去興趣，而另起爐灶對其他異性展開熱烈的追求。

point 05 男為悅己者容

唐白鷺等鷺科鳥類在繁殖期間，頭頸和背部會長出絲狀飾羽，藉以吸引異性並達到配對目的。

生活於掠食者環伺的環境中，為避免發生危險，鳥類的羽色多半低調樸實且與棲息環境十分相近。但進入繁殖季節的成熟雄鳥，為了以最炫麗的外貌贏得雌鳥的青睞，會換上一身鮮豔的羽衣以吸引雌鳥的注意，這類特殊的求偶體飾包括飾羽以及婚姻色。

一到繁殖時期，許多的雄性鳥兒會長出美麗的飾羽。雄性白鷺在後背長出細絲般的簑羽，這種飾羽在求偶時可以豎起展示炫耀；黃頭鷺與黑面琵鷺則於頭頂及頸前長出鮮黃色飾羽；變化最大的要屬雁鴨科的雄鳥，在求偶時牠們會完全改頭換面，換上羽色豔麗的繁殖羽，展現男子氣概。

除了飾羽外，繁殖期間鳥類在嘴、眼先、臉以及腳等外露部位，亦會產生較原來更鮮豔的顏色變化，稱為婚姻色，使鳥兒的外表看來更為亮麗迷人。

這些鮮豔的羽飾，雖為雌鳥所喜愛，但卻也增加了雄鳥被獵食的危險，所以在嘉年華慶典似的繁殖期結束後，雄鳥們即會換為原來較不顯眼的保護色羽裳。

換羽中的環頸雉。大部份的鳥類，當牠們還在幼鳥或亞成鳥尚未達到性成熟的階段，不需要肩負起繁殖的任務，因此羽色較為暗淡樸素，可以得到隱蔽性較佳的保護色效果；一旦進入性成熟階段則馬上蛻變為艷麗亮眼的一身華服，藉以宣告自身已經具備繁殖能力，並藉以吸引異性目光。

黃頭鷺雖然在繁殖期間，頭頸與背部會長出鮮黃色飾羽並持續到繁殖期結束，但是牠們於繁殖初期，眼睛周邊經由眼先再延伸至嘴喙基部的裸露皮膚，一直到嘴喙末端部位都將轉成鮮艷的洋紅色彩。

在台灣屬於少見鳥類的黑頸鸊鷉，經常混雜於小鸊鷉的度冬群體之中，牠們習性相近，羽色類似，若不仔細明辨很容易忽略。但繁殖期開始，黑頸鸊鷉的眼睛後方就開始長出鮮黃蓬鬆的耳羽並向後延伸，同時身上的羽色也由樸素轉為亮麗。

point 06

Chapter 1 比翼雙飛

戀愛嘉年華

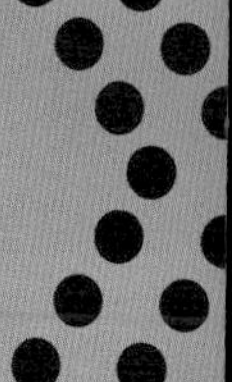

1. 公鴛鴦藉著集團展示和炫耀華麗的繁殖飾羽，使出渾身解數，以期能夠從環伺的對手中脫穎而出，成功吸引族群量較稀少的雌鳥，以獲得配對繁殖的機會。
2. 雌雄性別倒置的彩鷸，其雌鳥羽色豔麗，常主動藉著展示羽翼的肢體動作，並發出求偶鳴叫，以吸引雄鳥進行配對繁殖。

為了撫育出健康的下一代，鳥兒們當然會選擇最佳的伴侶進行配對，而這選擇權通常掌握在雌鳥手中。雄鳥為了讓雌鳥明白自己具備身強體壯、覓食能力一流等優秀特質，在繁殖期間會做出一些特別的求偶行為，例如炫耀鮮豔的羽飾、鳴唱求愛樂章、搭築堅固的窩巢、供應配偶食物以及舞動精彩的求偶舞等，竭盡所能大獻殷勤。

繁殖季初期完成配對的冠羽畫眉，常藉著依偎緊貼和互相理羽的親密行為，來鞏固配偶之間的堅貞感情。冠羽畫眉通常以集體互助的「合作生殖」模式，來進行孵卵與育雛的繁殖階段。加入合作生殖的繁殖配對常將卵共同產在相同的巢內，成員之間則不分彼此、毫無私心的分擔孵卵與育雛的工作，基於族群的共同利益以增加繁殖的成功機率。

紅燕鷗在選擇配偶時，會藉著雙方繁複的互動和舞步，以考驗雄鳥的誠意並培養彼此的默契和協調性。

頭翁雄鳥在繁殖求偶期間經常面對雌鳥，並向身後伸張開展的雙翅，同時引頸抬頭，張嘴發出響亮柔美的求偶囀鳴，並向其他雄鳥示警與宣告領域。

頭雉站立於明顯突出的土丘高處抬頭挺胸，並大幅度且快速的鼓動雙翅，藉以壓縮空氣製造出一連的氣爆聲響之後，緊接著引頸高聲鳴叫，以對雌鳥求偶示愛，並向其它雄鳥宣告領土的警告作用。

棕耳鵯等鵯科鳥類，歌聲多嘹亮悅耳，同時也能傳播甚遠。

point 07

歌唱擂台

鳥類利用鳴囊發出聲音來傳達訊息，主要分為鳴叫和鳴唱兩種形式；鳴叫的音節簡短，大抵上是作為連絡、呼喚、警戒、示警等訊息之傳遞，而鳴唱則富有繁複婉轉的旋律，並具有長且重複的音節，多半用於求偶或是宣告領域並警告競爭者等用途。

通常雄鳥需要負責建立並保護以繁殖為目的領域，藉由高踞在顯眼的枝頭高聲鳴唱，一方面吸引循聲前來探視的雌鳥，另一方面則是向其他雄鳥宣告繁殖領域的所有權，同時警告覬覦領土的競爭者不要擅越疆界，否則將被驅離，而這兩個作用都是以順利繁殖下一代為最終目的。

在求偶期間，雄鳥會頻繁鳴唱，時間多在清晨與黃昏，其鳴聲的音量與品質，是大部份雌鳥擇偶的重點。雄鳥的鳴聲大，音調美妙，表示擁有強健的體魄，可以繁殖出健康的下一代。不過鳴唱時容易暴露雄鳥的所在位置，若缺乏足夠體力與應變能力，則可能因此而喪命，因此也可視為雄鳥勇氣之展現。

1. 棕面鶯因為體型嬌小，又生活於陰暗叢藪樹林之中，因此只能靠宛若悅耳銀鈴般悠揚的鳴唱聲以吸引佳偶青睞。
2. 台灣特有鳥種的台灣叢樹鶯又稱為電報鳥，雖然嬌小，但如同打電報般「滴滴～滴～滴」的悅耳鳴唱，卻能夠傳播悠遠。
3. 小雲雀屬於開闊草原性鳥類，擅長於高懸空中邊飛邊高聲鳴囀，其歌聲悠揚悅耳，而贏得「半天鳥」的美稱。

左圖：白頭翁雄鳥正對著雌鳥進行求偶鳴唱，鳴囀到激情處並搖擺轉動身軀，伴隨著微張顫動雙翅；當雌鳥有意與其配對時，則緊盯著雄鳥，並適時加入鳴叫，偶爾也會掀動翅膀加以回應。

Chapter 1 比翼雙飛

愛情舞會

有些鳥類會以更具視覺與動態效果的求愛舞蹈來吸引異性注意。例如雄性燕鷗會在雌鷗身旁大跳求偶舞蹈，以誇張的踏步與鼓翅贏得雌鳥的歡心，並獻上作為巢材的樹枝與新鮮的小魚，除了向雌鳥表達愛意，也是共築愛巢的承諾和具有優異獵捕食物技藝的保證；如果雌鳥接受此份餽贈，也會適時加入雄鳥的求偶舞步，雙方下壓雙翅並反覆來回繞圈踏步，以取得動作的協調，那麼這兩隻鳥兒很可能在這個繁殖季中可以育雛成功。

雄鳥有時也會脫離求偶展示群體，進行單打獨鬥的求偶策略，不過雌鳥若是缺乏興趣，將會閃躲迴避並

鴛鴦雄鳥經常聚成集團展示求偶，藉著優雅划水和極力招搖豔麗的羽毛，彼此間較量展示動作和華麗姿態，期望擄獲雌鳥的芳心。通常雌鳥主動游近公鳥群體，以伸直頭頸壓低並平貼水面的交尾姿勢，發起求偶展示舞姿。雄鳥會豎起翼端特有的帆羽，同時挺直頭頸並將下嘴喙貼緊喉部，以顯現出後頸流蘇狀的細緻飾羽，再以嘴喙向下周期性的點水，同時發出細微的叫聲，優雅游蕩在雌鳥的周圍。

開，但是對於持續糾纏不清的雄鳥有時候會嚴厲斥責，或是趨前追擊加以斷然拒絕。

在無人島上繁殖的紅燕鷗，於五月份紛紛抵達，選定佔領了適合築巢產卵的每一塊地面，往往看似荒僻燥熱了無生機的光禿小島，經常聚集了成千上萬的繁殖燕鷗群體，比鄰而居的巢穴之間摩肩接踵緊緊相依。據觀察，燕鷗通常不在築巢的荒島上直接進行求偶交配儀式，比較常選擇遠離巢位的平緩沙灘，或是汪洋中的沙洲環境來進行。

牠們藉著抬高頭頸和下壓微張的雙翅，並以誇張踩踏雙腳的舞步來面對往返繞圈；求偶舞步的儀式每次進行長達數分鐘，而且同一對配偶間於高峰期，一天最多可能進行數十次求偶舞儀式。雄鳥也經常叼著剛捕獲的小魚當作禮物，餽贈給雌鳥當做鞏固雙方感情的伴手禮，或是作為具有優異捕食技巧的履約保證，約至五月底紅燕鷗的巢位與繁殖配對就會大致抵定。

紅鳩雄鳥鼓脹著喉部，發出「咕咕・咕咕・咕」的連續求偶叫聲，並挺起胸膛持續點頭如鞠躬般，對著雌鳥亦步亦趨的展開熱烈追求。當雌鳥被雄鳥的誠心與毅力所打動，一改先前的冷淡態度，開始與雄鳥進行親密的肢體互動行為，先由被動接受公鳥的碰觸，到放鬆身心享受搔抓理羽的溫柔撫觸，繼而主動回饋雄鳥，進行溫馨的配對互動，又一配對佳偶就此形成。

point 09

Chapter 1 比翼雙飛

定情之物

雄鳥會藉著食物餽贈的方式，展現自己有優異的覓食能力，以討好雌鳥達到求偶配對的目的。在繁殖期間雌鳥也會主動向雄鳥做出索食的動作，除了是完成配對後，伴侶間親密關係的加強確保行為，也是待字閨中的雌鳥積極主動試探雄鳥是否有意願與其配對，並測驗雄鳥是否符合其擇偶的條件；當然也不乏投機的雌鳥，想要得到免費的午餐而刻意擺出乞食動作。

相反的，某些雄鳥也會對雌鳥做出相同的索食動作，其真正原因並不清楚，不過猜測可能是想要激發雌鳥育雛的母性本能，以達成求偶配對。

白頭翁張開並輕微晃動嘴喙來乞討，還會發出如同幼鳥索食的輕聲細語，希望藉由配偶的食物餽贈，來鞏固繁殖配對的親密關係。

蒼燕鷗雌鳥面對咬著小魚而急欲追求配偶的雄鳥，表現出企求食物的低伏姿勢，然而雌鳥不一定是真心願意共築愛巢，有可能只是想要騙取一頓免費的午餐。

紅燕鷗雄鳥在繁殖期間，對於長時間蹲臥在窩巢而不克外出覓食之配偶，提供新鮮小魚作為饋贈的禮物。

point 10

Chapter 1 比翼雙飛

保衛家園

為了爭奪僅容立錐的棲身之地，
中杓鷸等水鳥也開始爭吵不休，
甚至不惜大打出手。

鳥類的世界看似和平無爭，其實同類間的紛爭與衝突場景卻時時上演著。鳥類需要領域用於覓食、棲息及築巢育雛，才能確保自己、配偶與幼鳥可以取得充足食物，並且不受其他同類的干擾。鳥類所需領域的大小與鳥的種類及環境所能供應食物的多寡有關。

群棲的鳥類如燕鷗，所需的領域較小，大約是鳥兒棲息於巢內，鳥嘴可及的範圍；猛禽類所需的領域則大得多，由數十至數百平方公里不等。當地盤遭到其他鳥類侵入時，雄鳥們輕則出聲威嚇，重則大打出手，以保護其領域。於求偶期間，為順利吸引雌鳥的來到，雄鳥會時時高聲鳴唱以宣示地盤，並驅逐接近其領域邊緣的其他雄鳥。

灰背椋鳥又稱為噪林鳥，顧名思義，牠們是喜愛喧囂熱鬧的活潑鳥類，並經常為了食物而爭執不休，甚至利喙相向。

彩鷸雖然平時隱匿低調，一旦護子心切，就算面對著體型比自己稍大的紅冠水雞，也絲毫不退縮，彩鷸以伏低上身姿勢將雙翅開展，使外觀顯得更加龐大，並露出翼面華麗的斑紋，藉以嚇退紅冠水雞。

point 11

Chapter 1 比翼雙飛

宣示主權

一些領域性強烈的鳥類，會劃定佔據一個適當大小的區域，當作自己覓食或繁殖的領域。領土太小則提供的各種資源有限，不足以供應養家餬口的基本需求，但領土太大則領主為了要巡視領域、宣告主權和驅逐入侵的鄰居，也常常使自己疲於奔命。

當鳥類希望獨享某一特定空間、水源或是食物資源時，也會劃定暫時性的領域範圍，並試圖驅離其他入侵的鳥類。

鳥類在對峙和威嚇對手時，通常會挺立軀體、昂首闊步或是伸展羽翼，使自己顯得相當壯碩龐大以恫嚇對手，並發出具有威脅性的遏阻叫聲，以宣示自己的主權，希望對方就此知難而退。

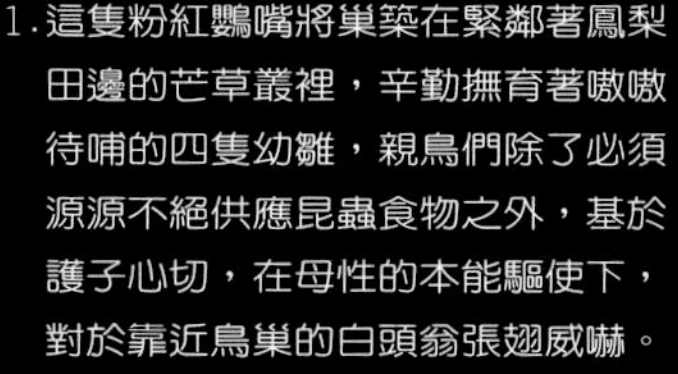

1. 這隻粉紅鸚嘴將巢築在緊鄰著鳳梨田邊的芒草叢裡，辛勤撫育著嗷嗷待哺的四隻幼雛，親鳥們除了必須源源不絕供應昆蟲食物之外，基於護子心切，在母性的本能驅使下，對於靠近鳥巢的白頭翁張翅威嚇。

2. 翠鳥在經常捕捉魚類的水邊棲枝上，張開雙翅並且緊緊盯著入侵領域的其他同類，同時發出警告鳴叫聲，試圖藉著虛張聲勢，讓入侵者知難而退。

3. 鵂鶹雖然體型嬌小，卻是兇猛的掠食性鳥類，以偽裝成為樹瘤的姿態躲避日行性掠食動物的侵擾，一旦被識破便立即飛離脫逃，有時也會使全身羽毛鼓脹蓬鬆，讓自己顯得格外龐大，同時出聲威嚇，以嚇退天敵。

左頁圖：唐白鷺集體營巢於無人荒島的低矮灌叢，爭執發生時，雙方對峙互不相讓，同時豎直飾羽、伸展雙翼，使自己顯得壯碩龐大，同時發出尖銳淒厲的警告聲以恫嚇對手，不過誤入領域的一方通常會隨即自行退讓。

point 12

Chapter 1 比翼雙飛

動口不動手

一旦鳥類的領域、配偶、巢材或食物等遭到侵犯時，鳥類通常會發出含有攻擊與警告意味的急促叫聲。希望藉著喋喋不休的聒噪叫罵聲，與同步進行的侵犯性警告動作來驅逐侵入者，並盡量將爭執控制在相互叫囂的動口不動手之範圍內，希望對手能夠知難而退。

這一對孵卵中的黑面琵鷺，面對惡鄰黑尾鷗的來勢洶洶，可說是無妄之災從天而降：黑尾鷗之所以咄咄逼人，原因就在於牠的幼鳥屬於半早成性，孵出不久就能夠頂著全身細緻的棕色絨毛，步履蹣跚搖搖晃晃的離開巢位四處遊蕩，而親鳥帶回食物則是憑藉著親子間彼此熟悉的叫聲當作尋親的依據，每當黑尾鷗的幼鳥懵懂無知的依附在黑面琵鷺的巢邊，遍尋不著且心急如焚的親鳥，便將黑面琵鷺當作是綁架嫌疑犯，而聲色嚴厲的大加韃伐。

黑面琵鷺在無人島上繁殖，牠們選擇在斷崖邊、岩壁凹陷處當作巢位所在，而人跡罕至、鮮少騷擾的荒僻島嶼，也是黑尾鷗和唐白鷺的理想繁殖環境。

在這座蕞爾小島上，每當繁殖期間總是聚集了數以千計的繁殖鳥類，密佈在每一處可供利用的地面與低矮灌叢之間。唐白鷺以樹枝堆疊成淺盆狀的巢，構築在離開地面的枝椏分叉處，以防止濕氣與地面的掠食動物侵擾；而黑面琵鷺則直接在地表上鋪以枝條，形成略凹的淺盆狀作為產卵育雛的處所。

在巢多擁擠的狀況下，同種或不同鳥種之間的互動便顯得格外頻繁，黑面琵鷺雄鳥一方面體貼的幫孵卵的雌鳥阻絕烈日的曝曬，同時還得不時面對樓上緊鄰著黑尾鷗夫婦的叫罵並適時回應；有時孵卵中的黑面琵鷺雌鳥，也會按耐不住並加入聲援的行列。有趣的是，雄鳥可能是怕孵蛋中的雌鳥過於激動，還會中斷叫罵，不時伏低姿勢輕觸雌鳥的背部，並發出輕聲加以安撫。

point

13

Chapter 1 比翼雙飛

高手過招

野鳥的世界裡，每當爭執的雙方勢均力敵，即使威嚇與驅逐行為仍無法使其中一方打退堂鼓時，正面衝突勢必一觸即發，短兵相接是最後無計可施的手段。

一般鳥類打架時，再激烈的爭鬥也很少出現頭破血流的場面，通常經過交手的同時，雙方的實力高下立判，弱勢的一方會馬上放棄打鬥趁隙逃離，但倘若其中一方意志堅定打死不退，為避免造成身體的傷害，在纏鬥數回合之後，另一方也會嘗試拱手退讓。

在資源有限的狀況之下，花雀為了爭奪水權的優先順序，原本群體生活融洽密切的合群鳥兒，也會聲色嚴厲作勢開打，然而通常也僅限於輕咬嘴喙、點到為止，不會將局面演變到你死我活的生存爭鬥。

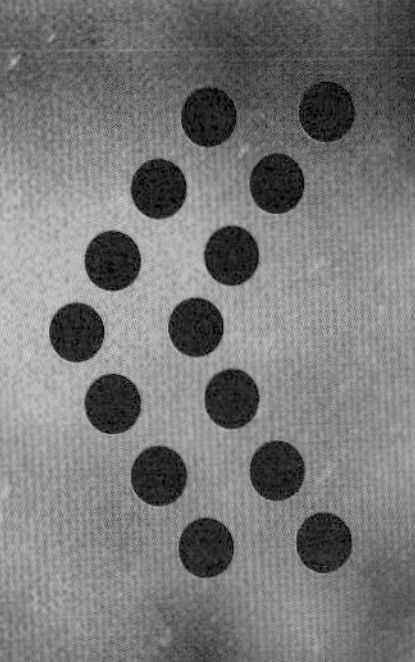

連續好幾天躲藏在掩蔽帳內記錄蒼鷺的生態，但一直很不理想，直到準備離開的那一天，遠處的蒼鷺為了驅趕另一隻擅闖領域的同類，也許是已經適應了鏡頭的跟拍，兩隻劍拔弩張的蒼鷺根本無暇他顧，任由鏡頭的極度搖晃緊盯，依然我行我素的照樣開打。只見帳外水花四濺、風聲鶴唳之際，而帳內相機快門也打得火熱，就在僅剩的十卷正片全數消耗殆盡之後，我只能先舉白旗宣告停戰。

離巢才僅僅一兩天的翠鳥幼雛，還得繼續依賴雙親的食物供應，雖然一出巢洞就已經具備飛翔的能力，但是對於獵捕魚類的技巧，則仍然需要學習與磨練，才能精進獵捕的成功率。當牠停棲在生活於共同環境的其他成鳥身旁，並且主動靠近示好，還展現出索食行為，然而這隻非親非故的雌鳥，非但不領情還會馬上以利喙相向，絲毫不留情分的對著幼鳥戳刺啣咬扭轉，以迫使其後退，也許這是鳥類世界裡教育幼鳥不要輕易接近陌生者的寶貴課程。

point 14

Chapter 1 比翼雙飛

追趕跑跳碰

在進行繁殖行為時，鳥類捍衛巢卵與幼雛的決心是無比堅定的，每當不識趣的入侵者闖進巢區警戒範圍，或過於靠近幼雛而有侵犯之虞，經鳴叫示警後仍滯留不去，基於保護其後代的安全以延續基因的傳承，大部分的鳥兒會馬上起身追逐驅趕入侵者，並同時發出淒厲的警告威嚇聲。

同類的鳥種之間，通常對彼此繁殖的領域具有相互尊重的默契，遭到驅趕後，入侵的一方通常會識趣的退出領域範圍，除非該領域的原佔有者過於衰弱或狀態不佳，才會讓入侵者有機可乘。

大卷尾攻擊蹲臥巢中照護雛卵的黑冠麻鷺親鳥。

黑枕藍鶲和大捲尾將巢築在靠近大冠鷲的巢邊，從此每日面對龐然大物，並不時飛撲作勢驅趕。

紅冠水雞在繁殖季節對於捍衛領域的決心較為強烈，尤其是孵卵和育雛的階段，通常對入侵領土且有威脅雛卵顧慮的同類，往往會使出全力，竭盡所能的加以追趕驅逐。

在繁殖期間極力保護有限的築巢領域範圍，玄燕鷗對於入侵位於陡峭岩壁巢區的同類，毫不留情的加以驅逐。

point 15

Chapter 1 比翼雙飛

戰勝自己

對鳥類等單純的直覺式感官動物而言，鏡中的虛實世界，是牠們完全無法理解的東西。領域觀念特強的雄鳥們，發現汽車後視鏡、岔路旁的凸透鏡、或是建築物反光玻璃中，甚至只是不銹鋼製配電箱，映照出與自己相同容貌的不速之客時，總會帶著好奇與敵意，試探性的對其展開威嚇甚至發動攻擊。牠們誤認鏡中的自我為敵人，認真地驅趕與發動攻勢，相對的也受到鏡子裡不斷回擊的鳥兒威嚇而逃開，每當鳥兒發現此類疑似入侵領域的烏龍事件之後，便會顯得耿耿於懷，幾乎每天定時或不定時前來關切此入侵的鏡中分身，直到被其識破，或是轉移、放棄該領域範圍為止。

種植小米莊稼的旱田中間，矗立這座不鏽鋼製的電源箱，繁殖季節裡每天都會吸引一隻雄性山麻雀前來關切，並驅趕攻擊光滑鏡面裡所映照的入侵者影像。由於這對山麻雀劃定這片山坡地為其繁殖領域範圍，還利用啄木鳥使用過的廢棄樹洞做為巢室，當山麻雀巡視領土，並在不經意間發現了這個閃閃發亮的盒子，裡面竟然住著另一隻雄性山麻雀，公然挑戰領主的權威，因此單純的山麻雀便耿耿於懷，每日不定時前來探視關切，並圍繞著電源箱四周，以腳爪搔抓、利喙啄擊，每天花費不少時間和精力，只為了趕走這個鏡子中的虛幻敵人。

左頁圖：五月份在合歡山工作完畢欲返回車上移動到其他拍攝地點時，遠遠就看到深山鶯激動的撲打著同伴車窗玻璃裡所映照的容顏。通常在繁殖期間，鳥類對於領土有著非常強烈的主權捍衛決心，非得將任何疑似入侵的同類雄鳥驅逐出境，也要確保自己的繁殖領域不能遭受侵犯。

1.棕面鶯停棲在汽車後視鏡上，對於擋風玻璃上映照出自己的容顏感到納悶，在牠們小小的單純腦袋裡，這個同類的形象只是另一個入侵領域的不速之客。

2.在谷關文山溫泉飯店的停車場邊發現這隻愛照鏡子的黃尾鴝，牠喜歡站立在後視鏡上，然後再往下飛撲，並奮力拍翅使自己懸停在鏡子前面，以腳爪搔抓鏡面，並不時以前胸頂撞，再加上雙翅撲打，作勢攻擊鏡中的鳥影。

3.為了記錄金門的野鳥影像，幾乎每年都會停留工作一段時間，有一回投宿在山外太湖邊的民宿，每天清晨天剛微亮，窗外就會傳來叩叩叩不規律的響聲，起初不以為意，一直以為是風吹動敲擊窗戶所造成的聲音，再加上一向奉行把握清晨柔和光線拍攝的工作信念，便匆匆梳洗急忙出門。就在金門停留的最後一天，提早結束了野外的工作，回到住處打包行李準備搭機回台，此時窗外的叩叩叩聲音又再度響起，心想即將回家了，還是搞清楚狀況，以免日後心中還掛念著。於是慢慢掀開厚重的窗簾，窗外的一幕令人不覺莞爾，原來是白頭翁從窗戶玻璃上看到映照的影像以為是自己的同類，因此每天必定準時前來報到，向鏡子裡的容顏打招呼。

Chapter ② Breeding 奇妙鳥巢

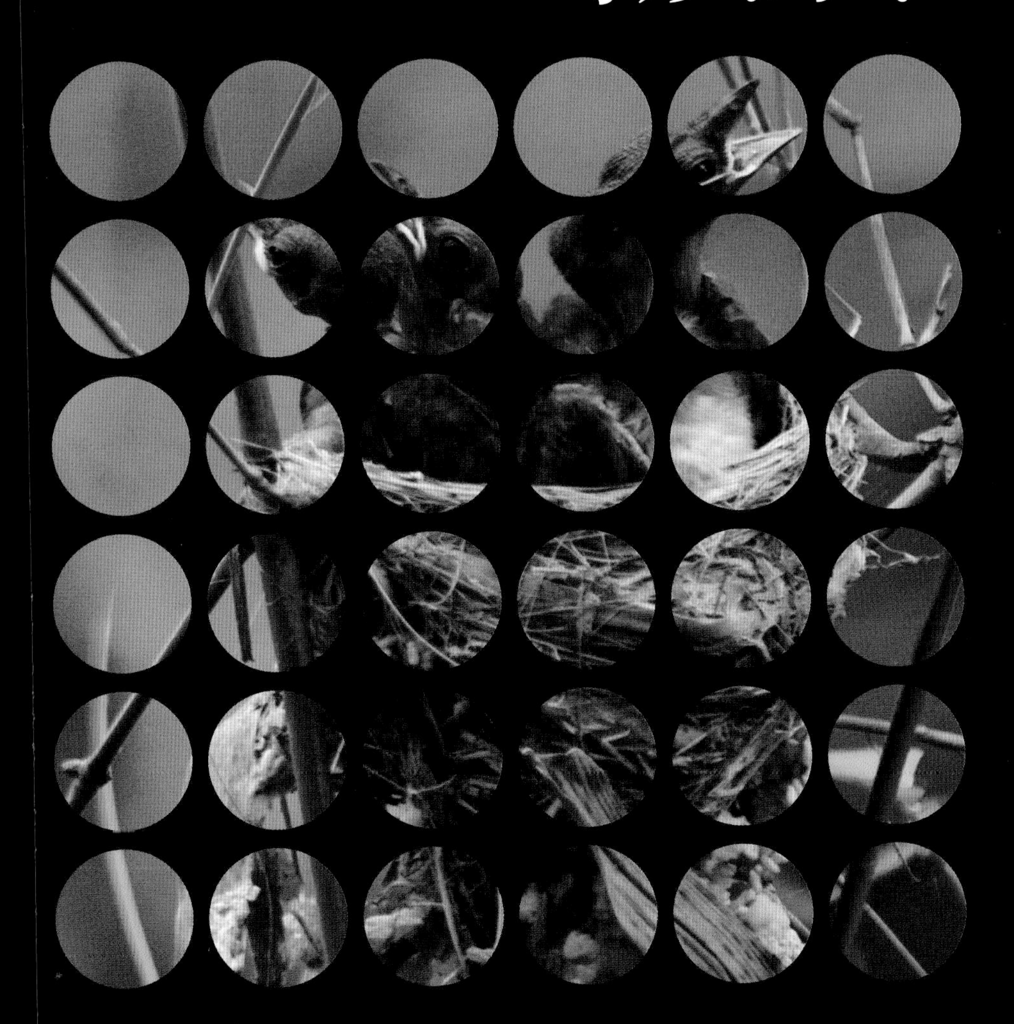

point 01

Chapter 2 奇妙鳥巢

築巢看風水

鳥類於繁殖期間才會出現築巢的行為。當雄、雌鳥準備交配生蛋前，需先將巢穴備置妥當，牠們的巢穴可說是專為卵與幼鳥的安置而搭築的，是孵化卵與哺育雛鳥的專用場所，也是鳥類最具代表性的棲息環境。

每一種鳥築巢的地點、材料與形狀皆不盡相同，甚至可說差異甚大。築巢位置的選擇相當重要，因為巢穴的安全與否，攸關著幼鳥能否在無侵擾的狀態下順利生長。鳥巢的地點選擇，通常由雄鳥引導雌鳥至適當的地點，再由雌鳥來作最後的評估與決定。由於巢穴中毫無反擊能力的卵與幼鳥，相當容易遭受其他天敵的襲擊，所以鳥類築巢時會盡量選擇隱匿且安全的地方，例如樹枝頂端、灌叢中、樹洞、土洞、石縫中等，以防止掠食者入侵，同時也避免疾風惡雨的傷害。

黑面琵鷺在中國遼寧省沿海繁殖的無人小島上，由於鮮少提供築巢材料的合適植栽，因此牠們經常要遠赴他處，才能逐次收集到足夠的材料築巢，而築巢工作通常由雌雄鳥共同完成。雖然雌鳥已經開始進行孵卵階段，求好心切的配偶還是會勤奮不倦的經常性補充巢材，就算只是一段不起眼的殘缺枝條，雄鳥也會將它當作禮物，謹慎隆重的餽贈給臥巢中的雌鳥。而雌鳥在配偶歸巢遞交樹枝的瞬間，會興奮的豎直頭頂如髮冠般的飾羽，迎接雄鳥餽贈的禮物。黑面琵鷺對於繁殖巢的維護可謂不遺餘力，除了持續增添巢材之外，更會殷勤的清理巢室，經常不定時的使用嘴喙將雜物拋出巢外。

五色鳥在乾枯鬆軟的刺桐樹幹上，以堅硬的嘴喙一口口挖出繁殖巢洞，隨著巢洞通道的慢慢加深成形，五色鳥便得將身軀逐漸沒入洞口，然後再費力的倒退身軀，以將滿嘴的木屑反身吐出洞外。

point 02

Chapter 2 奇妙鳥巢

巧奪天工育嬰房

鳥巢最重要的功能就是給卵與幼雛保暖與庇護，它的形狀需與抱卵親鳥的腹部緊密貼合，不能使卵暴露於外而遭受失溫之虞，所以鳥巢的外觀與大小會配合親鳥的體型與抱卵的習性來設計，就算使用的材料相似，每一種鳥所築出的鳥巢外觀仍有所不同。

灰背鶇等鶇科的鳥巢是以細枝和草莖所編成的碗狀巢。

喜鵲巢誇張的構築在廟宇之上。

中華攀雀以楊樹棉絮和柔細纖維所編織成的懸壺狀巢。

黑枕藍鶲的巢型為小巧擁擠的杯狀巢。

紫鷺以傾倒的蘆葦稈莖平鋪堆疊成盤狀巢型。

point 03

Chapter 2 奇妙鳥巢

愛心佈置鳥搖籃

烏頭翁以草莖和穗稈作為築巢的材料。

鳥類會以生活中常見的動物性或植物性材料來築巢。樹枝、葉子、草及植物性纖維等由於容易取得且方便加工，是鳥類最常使用的巢材。燕子會以濕泥與細碎枯草混合唾液為巢，小型山鳥則會以苔蘚、地衣、蜘蛛絲等材料固定於巢的外側，使巢的紋理與巢樹相似以達到偽裝的效果。

居住於人類聚落附近的鳥兒也會以人造材料為巢材，其中以堅韌耐用的塑膠繩或人造纖維等最常被使用。

為了避免脆弱的蛋與尚未長出羽毛的稚嫩幼鳥被粗糙的巢壁所刮傷，細心的親鳥在完成巢的整體結構後，會在巢內（產座）鋪上柔軟又保暖的襯裡，鳥巢內襯常見的材料有獸毛、羽毛、苔蘚、細草與樹葉等。

火冠戴菊鳥蒐集其他鳥類脫落的羽毛當作巢襯材料。

大冠鷲折咬樹枝當作築巢材料。

大膽的山雀在蒼鷹巢中，撿拾被吞食下肚的受害者所留下的羽毛，帶回巢中當作柔軟的襯墊材料。

玄燕鷗與同類爭奪被潮水打上岸的珍貴巢材，牠們通常會將少量的莖葉、細枝點綴在岩壁上的巢位。

洋燕在積水泥地啣咬泥土，並混雜少量細碎的禾草莖葉作為築巢材料。

煤山雀等山雀科鳥類，喜歡蒐集和利用獸毛當作溫暖柔軟的巢襯材料。

小卷尾的巢以纖維、樹葉為主，並使用蜘蛛絲作為黏結材料。

黃鸝的巢以禾草莖葉、樹皮纖維和少量蜘蛛絲編織黏結而成。

紅冠水雞撕裂香蒲的葉片當作築巢的材料。

河烏的巢使用植物莖葉、樹根、纖維和苔蘚等材

褐頭鷦鶯精緻的布袋狀巢，以撕成長條狀的細

棕沙燕雖然挖掘沙穴為巢室，但還是會啣咬禾草莖葉，甚至塑膠袋繩當作巢襯，由崩落損毀的巢穴可以一窺巢內細節。

point 04

Chapter 2 奇妙鳥巢

地上嬰兒床

黑嘴鷗的巢位選擇在植叢邊緣，並舖墊以厚實的草莖作為巢襯材料。

棲築於地上的巢穴，位置不如樹上或洞穴中的鳥巢安全，為避免遭掠食者入侵，這類的巢通常擁有絕佳的偽裝保護。為了不引起注意，巢的外型相當簡陋，僅由數塊石子、草莖或落葉圍成，而且巢中的蛋亦具有與環境相似的保護斑紋，隱匿性高。此外，孵蛋親鳥的體色也多半灰褐黯淡，與地面配合得天衣無縫，只要蹲伏其中靜止不動，就算掠食者近在咫尺也很難被發現。

小燕鷗將巢直接構築於裸露的地表略凹陷處。

蒼燕鷗位於玄武岩環境的巢卵與剛孵化僅數小時的幼雛。

燕鴴在旱田泥地上的巢，只有極少的碎石子和莖葉組成。

赤足鷸的巢位於矮植叢中的地上，僅以少量草莖作巢襯。

蒼燕鷗位於珊瑚礁地上的巢，巢襯是比較小的礫石。

東方環頸鴴將蛋直接產於沙地、礫石灘或是瓦盤鹽灘之地表上，只點綴了幾顆細碎的小石子當作巢材。

竹雞在草叢裡營巢，將卵產在襯以少量枯草莖葉當巢材的地表上。

Chapter 2 奇妙鳥巢

point 05 草叢育嬰房

黃喉鵐將巢築於樹林間的空地草叢之中，巢位的覆蔽性良好且入口隱密，儘管偶有人畜經過巢邊也能安然無

生活於草原中的鳥類，牠們就近取材，以草作為築巢材料，通常這類鳥兒的築巢技巧較高，能編織出堅固細緻的袋狀巢，不僅外觀與枯草顏色相似，又常懸掛隱藏於茂密的草叢之中，隱蔽效果絕佳，不易被天敵發現。

雖然這幾種草原性的鳥類彼此的生活領域重疊，但是牠們利用草生地環境築巢的細節卻不盡然相同，例如小雲雀喜歡空曠短草原，多半將巢築於緊貼著低矮植叢邊緣的地表凹陷處；鷦鶯與番鵑則偏愛在禾本科濃密的莖葉間築巢，只是番鵑的巢型體積巨大，因此傾向於選擇覆蓋率較大的植叢來築巢。

番鵑喜歡在濃密的草叢中，以長草莖葉構築成相當於籃球大小的中空巢室。

小雲雀以當地環境的莖葉作為材料，直接將巢位構築於短草叢的凹陷處，隱蔽性良好且不易被發現。

草叢凹地築巢的環頸雉，以枯莖葉和少量羽毛當作巢襯。

褐頭鷦鶯小巧如布袋狀的巢位於草叢中。

粉紅鸚嘴巢位於草叢或低矮灌叢中。

point 06

Chapter 2 奇妙鳥巢

灌木育嬰房

許多鳥類會選擇在經常棲息與覓食的灌木叢中築巢，由於灌木叢的枝葉茂盛，隱蔽效果極佳；而且位於灌叢中的巢位具有一定的高度，不易受到水患的侵擾，就算是雨季來臨也大可高枕無憂。而某些灌木叢在枝幹上密密麻麻的生長著尖銳的小突枝，更猶如天然的刺籬柵欄般，阻擋了樹叢外虎視眈眈的掠食者。

赤腹鶇在大型蕨類灌叢的主幹頂端枝條分叉處築巢，以草莖樹葉苔蘚和植物纖維作為築巢材料。

唐白鷺將巢築在灌木叢底層，以厚實巢材墊高。

褐頭花翼畫眉將巢築於箭竹低矮灌叢之中。

灰背鶇將巢築於多刺灌木的主幹分叉處。

築於楓香低矮苗木枝葉間的白環鸚嘴鵯鳥巢。

山紅頭喜歡將巢築於灌叢與草叢環境。

棕背伯勞喜歡將巢築於濃密灌叢之中。

黑枕藍鶲常在蔓藤糾結的陰暗叢藪環境築巢。

鳳頭蒼鷹於龍眼果樹上以枯葉堆砌形成平台狀的鳥巢。

point 07

喬木上的搖籃

對於樹棲性的鳥類而言，築巢的最佳地點便在樹上。鳥兒通常將巢位選在樹枝分叉且枝葉茂密處，如此可兼顧鳥巢穩固與隱匿的需求。

鷲鷹科與鴉科鳥類，牠們通常選擇在樹冠以下的枝幹分叉處築巢，巢主要以樹枝構築而成，若無外力干擾或是遭到天災的破壞，牠們會年復一年使用同一個巢位，經過不斷修築增建，所以巢座會越來越大，直到不堪負荷而壓垮巢樹之後，才會再另行尋覓築巢地點。鷺科鳥類也會群聚於樹枝上繁殖，但巢僅由簡單的幾根樹枝架構而成。

1.喜鵲構築於木麻黃上經年累月使用的大型巢。
2.虎鶇位於粗大枝幹分叉處的鳥巢。
3.金背鳩將巢築於喬木中上層樹枝分叉處。
4.中華攀雀的巢以植物纖維及楊樹棉絮為巢材。
5.紅嘴黑鵯築於高大野桐枝梢的鳥巢。
6.黑冠麻鷺在喬木側斜枝幹分叉處築巢。
7.黃鸝喜歡將巢構築於高大喬木的細枝末端。

point

08

Chapter 2 奇妙鳥巢

樹洞育嬰房

佛法僧以闊葉樹林的天然樹洞為巢。

洞穴式的巢擁有許多優勢，其一，可避免卵或幼鳥直接遭受風雨侵襲與太陽曝曬；其二，接近密閉的巢中，溫度變化不大，具有保溫效果；其三，幼雛隱匿於洞中，天敵不易發現，就算發現了，由於洞口過窄也不易進入捕食幼鳥。

近年來隨著環境的快速開發與破壞，適合築巢的枯木與天然樹洞難覓，依賴樹洞繁殖的一級巢洞鳥（自行挖洞築巢），如啄木鳥、五色鳥，和使用一級巢洞鳥的舊巢和天然樹洞築巢的二級巢洞鳥，如佛法僧、山雀、戴勝等鳥類，其繁殖受到很大的影響。

五色鳥在枯死的刺桐樹幹上鑿洞營巢。

勝除了利用人類住屋的縫隙築巢之，也經常以天然樹洞為巢。

大赤啄木鳥生活於中海拔山區，在高大喬木的樹幹上鑿洞為巢。

point 09 土洞育嬰房

位於堅硬土壁上的斑翡翠巢洞。

在河岸或壕溝的沙質鬆軟壁面，甚至只是土木建築工地的大型沙堆，都可能是棕沙燕的理想築巢環境。

有些鳥類會選擇於較鬆軟的土壁或沙壁上挖出隧道似的土洞為巢。常於水澤附近垂直土壁築巢的翠鳥，會將單獨的巢洞隱藏在植物枝葉的遮蔽之下。栗喉蜂虎與棕沙燕為了降低風險，繁殖時會選擇大片土壁，群聚一起挖洞築巢。這些土洞保有前述洞穴巢的優點，洞中的幼鳥危險顧慮較低，可以慢慢生長至羽翼完全豐滿，甚至只要躍出巢洞口，本能上就具備了優異的飛行能力，所以離巢的時間通常比其他類巢型的幼鳥稍久。

翠鳥將巢洞築於靠近獵食場所的土岸垂直壁面上，但由於藉河川整治之名，天然河岸幾乎從此銷聲匿跡，因此魚塭土堤甚至於河川護岸的水泥駁坎上排列整齊的塑膠排水管內，都可能成為翠鳥的築巢環境。

point 10

Chapter 2 奇妙鳥巢

岩壁育嬰中心

許多海鳥會群集於岩壁上築巢，如此可以避開許多地棲掠食者的侵擾。其鳥巢的外觀相當簡陋，多在低窪處以貝殼、石子等草草圍住即告完成，巢與巢之間的距離相當近，海鳥們藉著集體的力量注意監視來自天空的入侵者，必要時就群起圍攻以護衛彼此的幼雛。

選擇在陡峭的岩壁上築巢，除了可以避開掠食者的威脅之外，另一個好處便是幾近垂直的陡峭壁面，受到強風吹襲後會產生向上流動的空氣，有助於鳥類在起飛時獲得額外的浮力，以進行省力的飛行。

小剪尾將巢築於突出岩壁的下方，以苔蘚和植物細根作為築巢的材料，貼附於岩石的表面，形成既隱密又安全的繁殖場所。

上圖、左頁圖：無人荒島上黝黑的玄武岩直立壁面，恰好提供了燕鷗安全無虞的築巢環境，其中大小貓嶼更因燕鷗保護區的劃設與成立，讓繁殖其中的玄燕鷗與其他海鳥受到更周全的保護。

蒼燕鷗在玄武岩的無人小島上繁殖，通常選擇在峭壁邊緣的空曠地面上直接產卵，其築巢材料非常簡單，僅以少量細碎的小石子點綴其中。

黑嘴鷗雛鳥攀附在險峻岩壁的邊緣，等待親鳥餵食。

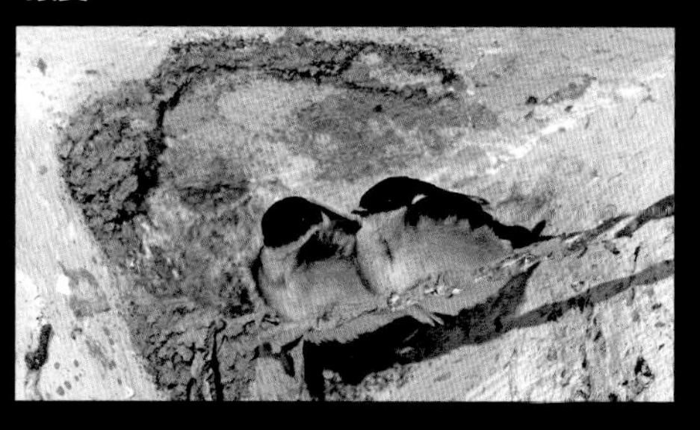

毛腳燕常集體營巢於中海拔山區的陡峭岩壁之間，偶爾也會利用人造結構物的壁面築巢。

point 11

Chapter 2 奇妙鳥巢

土壁育嬰房

部分於叢藪間活動或是地棲的樹林性鳥類，如小彎嘴畫眉、八色鳥、白眉林鴝等，會將巢築於靠近地面的陡坡、土壁等略為凹陷處。這類環境通常表面密佈灌叢、苔蘚、蕨類和落葉等天然素材，在此築巢的鳥類就地取材，建構洞口與表面等高的巢位，隱蔽效果十足，不容易被天敵發現。

小彎嘴畫眉將巢築於土壁凹陷處，或者依附在壁面懸垂覆蓋的茂密植物莖葉之間。

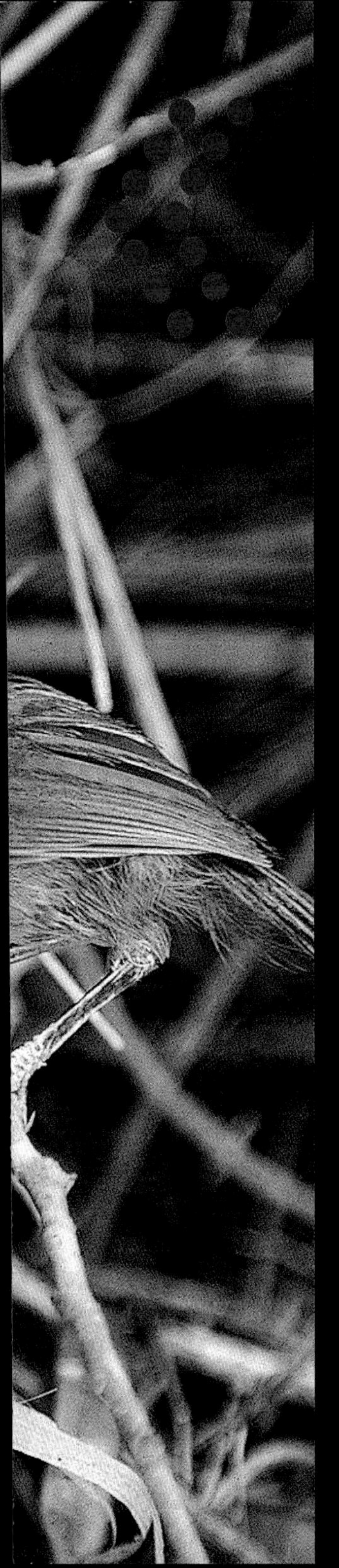

八色鳥的巢位於接近地面的陡坡上，以草葉根莖為材料，隱匿在充滿了樹枝落葉或苔蘚的環境之中。

白眉林鴝的巢隱匿在覆蓋著茂密植物的土壁之中。

鷦鶲將巢築在高海拔山區貼近地面的土壁向內深陷處，以細根苔蘚編織糾結而成。

point 12

Chapter 2 奇妙鳥巢

水邊嬰兒床

生活於池塘或湖泊等濕地邊的鳥類，習慣在水域環境覓食與活動。牠們常會選擇在水澤邊的茂密草叢裡築巢，不僅離覓食的水域近，地點也隱密安全。因為巢位選擇在水陸交會的植叢之中，就算天敵從水面或陸地靠近，都能夠方便循水路或是隱匿在草叢中逃脫。而最理想的水邊巢位則是水中，猶如孤島般的獨立植叢，因為四周被水域所圈圍，因此阻隔了陸地上掠食動物的威脅。

彩鷸的巢隱藏在猶如水中浮島的稗草植叢之中。

黑腹燕鷗將巢築於貼近水面的蘆葦叢莖葉之間。

高蹺鴴將巢築在靠近水域的植叢邊緣，既利於覓食也方便突發狀況中，可以從危險逃脫。

又稱為草鷺，常將巢築於蘆葦叢傾倒的浮巢之中。

大白鷺以蘆稈為材料，將巢構築於綿密鬆軟的蘆葦叢中。

point 13

Chapter 2 奇妙鳥巢

水面搖籃

潛泳技術一流的鷿鷈會利用水草，在水面構築出一個淺火山錐形的圓巢，牠的巢僅以幾根水生植物簡單固定，猶如一艘漂浮於水面上的氣筏，其位置會隨著水面高度而升降。由於巢的位置相當顯眼，抱卵中的親鳥在離巢時，會迅速啣咬水草覆蓋住鳥蛋才安心離去。欲返回巢中時，會先迂迴潛行於水中至接近巢邊，才探頭冒出水面猶如潛望鏡般，先搜索周遭再跳上浮巢，以減少巢穴被掠食者發現的風險。

小鷿鷈從潛游的水中回巢之後，會即刻將離去時覆蓋在卵上，以混淆天敵耳目的草葉等遮蔽材料，逐一清理乾淨後才再度蹲伏孵卵。

point

14

Chapter 2 奇妙鳥巢

浮葉搖籃

棲息於菱角田、芡實田等滿布挺水、浮水植物之水澤環境的水雉、秧雞科等鳥類，為了安全考量，會在離岸較遠的浮葉上築巢，以遠離岸上的掠食者，同時也利用浮葉高低錯雜的天然掩蔽，使其巢穴不易被發現。生活於其他動物舉步維艱的水澤溼地，這些水鳥藉著長長的腳爪或寬大的腳蹼，個個皆是優異的葉行者，能在極容易下沉的鬆軟葉面上暢行無礙。

右上圖：水雉在菱角、芡實等浮葉性水生植物的葉面上直接產卵為巢，並藉著葉面起伏和交錯的光影來隱蔽巢位。

上圖：紅冠水雞在水金英等浮葉性水生植物上築巢，只是牠並非將卵直接產於葉面上，而是先啣咬草葉築巢，再於上面產卵。

point 15

Chapter 2 奇妙鳥巢

人造育嬰房

紅隼利用研究人員所設置的巢箱繁衍下一代。

人類的開發與建設使得野生動物的棲地大量減少，為鳥類族群的繁殖延續帶來不小浩劫，但許多適應力超強的鳥兒，卻能找到方法與人類和平共存。聰明的鳥兒會找到與自然營巢環境相似的人造環境築巢育雛，鳥兒們也發現人造物比自然的樹木或土壁更加堅固耐用，更能承受風雨侵襲。所以近年來在人類建築上搭築的鳥巢數量，年年有增無減，舉凡築巢於屋簷下的燕子、電塔與廣播鐵塔上的喜鵲、天線與電線上的大卷尾等都是人造環境的愛用者。而且隨著鳥類研究與保育觀念的興起，人造巢箱的供應，更為鳥類提供了便利又安全的營巢方式。

森林遊樂區設置人工巢箱，同樣吸引青背山雀的興趣。

戴勝喜歡以民居建築物的洞隙為巢。

喜歡與人類居住環境親近的大卷尾，將巢築於電視天線或是電線的絕緣端子上面。

山區的電源箱裡，大山雀經由狹小的縫隙作為進出通道，以苔蘚為底再鋪以獸毛，接著在裡面生養了一窩小山雀。

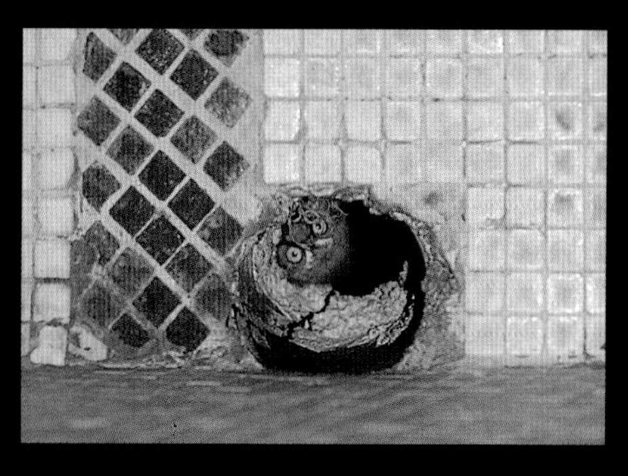

在航空站屋簷垂直向下的排水管裡，朝下探頭的蘭嶼角鴞幼鳥，在我為牠們拍完照當天的下半夜裡，就一隻接著一隻相繼離開人工巢穴。

point 16

寄養家庭

「托卵寄生」是一種鳥類演化出來的特殊孵育現象，具有托卵行為的鳥類當中，以聞名於世的杜鵑科鳥類為主。牠們不會自己築巢育幼，而是尋找合適的宿主，再趁機潛入牠的巢中產下與宿主幾乎完全相同的卵。托卵鳥的卵會比巢中的其他卵早孵化，破殼後即憑著潛在的本能反應，以背部凹陷構造，輔以無毛的短上肢，將巢中的卵或幼鳥奮力推出巢外，以便獨佔親鳥的餵食與照顧。

左頁圖、上圖：大杜鵑(布穀鳥)在廣大的草原上搜尋托卵寄生的對象，當牠相中並鎖定代理親職的倒楣目標時，就會不露痕跡偷偷摸摸在遠處監視，估計適合托卵的最佳時機：太早產卵會被識破而遭到棄置，太晚產卵則喪失與寄養兄弟間的競爭優勢。

噪鵑極其隱匿且不輕易現身：牠們不自己築巢育雛，而是將卵產在椋鳥科的巢中，由被矇騙的養父母竭盡心力任勞任怨的代牠撫養。

中杜鵑不愛自己築巢和養育下一代，而是將卵偷偷產在毫不知情的代理父母巢中，是典型的投機分子

小杜鵑同樣是不築巢不育雛，只會將卵偷偷產在特定寄生對象的鳥巢中。

Chapter ③ Breeding 飛羽之愛

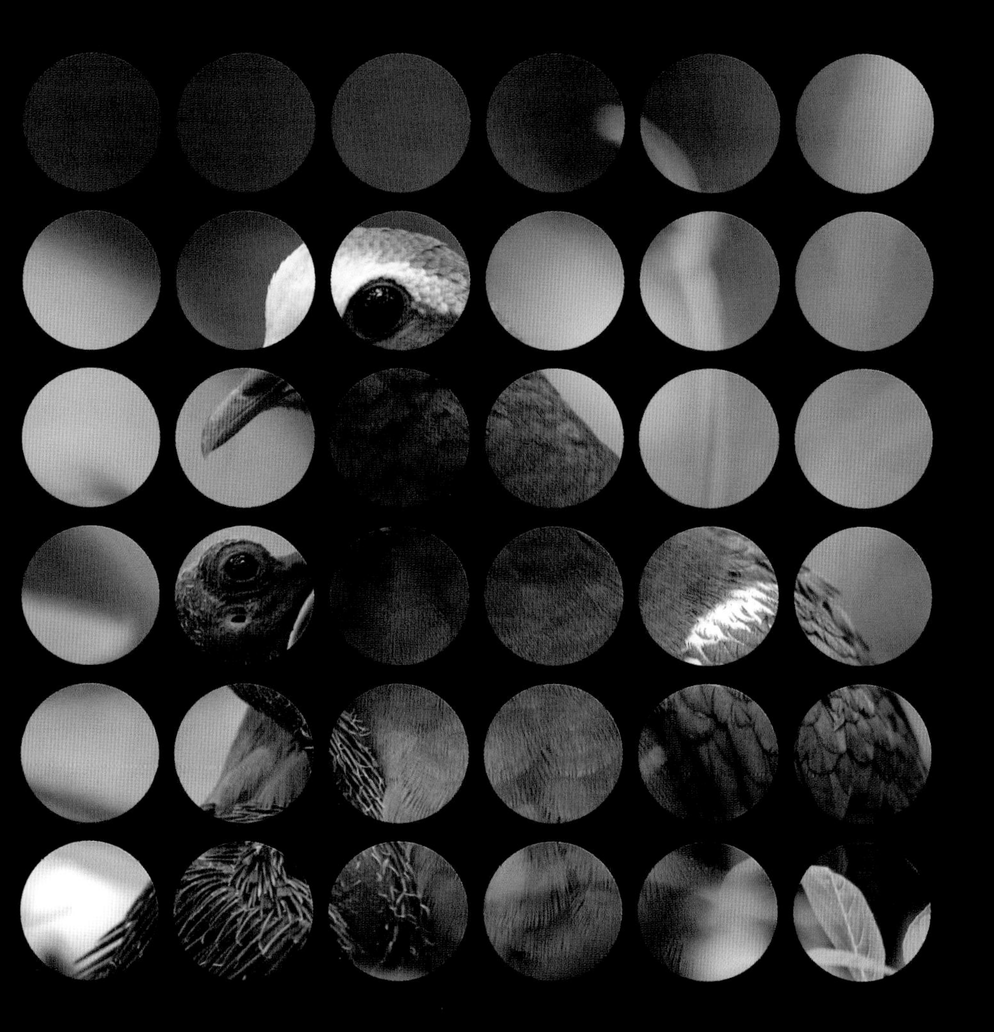

point 01 傳宗接代進行式

雄鳥在求偶的過程中，不僅大費周章的換鮮豔羽衣，而且十八般武藝盡出的努力展炫耀，只為了贏得配偶的青睞，但在精采前奏曲之後，最重要的交配動作卻在短短秒鐘後即告結束。鳥類交配時，雄鳥會跳雌鳥背上，張開或拍翅以維持平衡，接著轉尾部，使彼此的洩殖腔開口貼在一起，僅短短幾秒鐘後，交配即告完成。

由於鳥類交配時洩殖腔會外翻，雄鳥的精與雌鳥的輸卵管藉著腔道連接，所以交配間雖短，卻能有效傳輸精液。而且長時間交配對鳥類來說，不僅維持平衡不易，也能遭到天敵侵襲捕食。

頁圖：幾乎所有鳥類的求偶儀式都十分繁複精，然而實際交配的時間卻非常簡短，通常雄鳥在配偶的背上，接著伏低扭轉尾部使洩殖腔相貼合，便草草完成交配過程。圖為紅燕鷗。

上圖：高蹺鴴交尾前以一致的步履緩行，並發出尖銳叫聲作為溝通訊號，當雙方以抬頭挺胸並下縮嘴喙的姿勢漸行靠近時，雄鳥抬起單腳扭頸轉頭，與同樣肩頸扭曲引翅仰首的雌鳥緊緊相依以進行求偶舞姿；就在雌鳥引伸頭頸放平軀體，雄鳥隨即採取跪姿展翅跳上配偶背部，並在雙方泄殖腔貼合接觸的同時完成交尾過程。然而雄鳥由配偶背上回到地面之後，還會以挺胸扭頸耳鬢廝磨的姿勢，相互依偎溫存片刻之後才會分開。

左圖：蒼燕鷗雄鳥帶來新鮮的小魚當作交配前的餽贈禮物，就在雌鳥欣然接受與吞食之後，便低伏尾部表示交配的意願，若雄鳥表現出猶疑不前，遲遲未付諸行動，雌鳥會持續壓低身軀張嘴乞求，並再次伏低尾羽準備迎接雄鳥。就在雄鳥展翅跳躍即將站上雌鳥背部的同時，雌鳥會突然逃開；此時形勢逆轉，變成雄鳥心急的追逐著雌鳥求歡，如此欲擒故縱的前戲會持續數回合，或許是雌鳥感受到配偶的誠意，最後蹲伏不動任由雄鳥站上背部，並耐心等候調整平衡姿勢，接著雙方同時扭轉尾羽，使彼此的洩殖腔開口翻轉貼合在一起，而完成了交配行為。

準備交配的黑面琵鷺會以低聲呼喚作為訊號 ，雌鳥在配偶從身後貼近並以嘴喙和身體輕柔碰觸之後，以低伏頭頸、平展背部作為回應：接著雄鳥緩慢優雅的抬腳跨步站立在配偶的背上，並屈曲雙腳以高跪姿勢同時張翅維持平衡，雌鳥則翹高抬起短尾羽使泄殖腔向外翻露，以迎接雄鳥壓低下身湊近的腔道開口，就在雙方接合短暫停留的片刻時間完成了交合受精的過程。

雄鳥在交配進行的過程中，除了全程開展雙翼以維持平衡之外，也會粗魯的張開嘴喙啣咬住雌鳥的嘴喙，以增加交尾過程的平衡穩定能力，而雌鳥在完成受精之後也一反服貼柔順，隨即斥責驅趕，使雄鳥離開背上。黑面琵鷺等行集體營巢的鳥類，基於聯合防衛的安全理由和性成熟的生理時鐘，通常繁殖時程會相當接近，紀錄中比鄰而居的兩對黑面琵鷺便接續進行交尾行為。

point 02

Chapter 3 飛羽之愛

小鳥蛋大學問

翠鳥在漆黑的土洞巢穴中繁殖，卵形幾近圓球，而且為了在黑暗斗室中輕易辨認出所在位置，洞穴鳥類通常卵色純白，再隨著孵化的時間而逐漸加深顏色與紋路。

鳥蛋的形狀與顏色有相當大的不同，這些外觀的差異有著生態上的目的。以形狀而言，選擇洞穴築巢的鳥類，如翠鳥、貓頭鷹等，因為沒有蛋會滾出巢外的顧慮，所以牠們的蛋通常較圓，甚至接近球形；而於峭壁上築巢的海鳥，牠們的蛋通常呈現梨形，一端較尖、另一端較圓，這樣的蛋在滾動時會原地繞圓圈，不易偏離所在位置，可以減低自岩壁滾落的風險。

就顏色來說，白色的蛋非常容易被天敵發現，所以需要添上色彩與斑紋來加以偽裝保護。一般產卵後會立即抱卵，而且離開時也會以巢材遮蔽的鳥類，牠們的蛋因較無暴露的危險，所以多半呈現白色。洞穴中的鳥蛋也因不易被天敵發現，而且為避免在黑暗中遭親鳥踩破，所以也多是白色。

而位於地面的巢穴因容易遭到掠食者襲擊，所以這些鳥的蛋幾乎都有著接近周圍環境的底色與斑紋，於沙礫地築巢的東方環頸鴴，牠的蛋不論顏色與斑紋都像極了小石子，往往移開視線後，便不容易再發現蛋的位置。築巢在樹林或灌叢間的鳥兒，通常蛋的底色為淺藍或淺綠，上面多半會佈有斑紋，很像陽光自枝葉間撒落的陰影，而有迷彩的偽裝效果。

少數鳥的蛋會隨著時間改變顏色，如小鸊鷉，牠們剛產下的蛋是白色，親鳥離去時會以潮濕的水草覆蓋掩蔽，而隨著蹲孵的時間漸長，鳥蛋日益成熟，便漸漸轉變成褐色。

1.金背鳩的卵形是不容易大幅滾動的梨形。
2.位於樹洞的巢穴蛋不易滾出，紅角鴞的卵趨近圓球狀。
3.黑嘴鷗的卵為梨形，蛋不易滾落巢穴。
4.蒼燕鷗的蛋在珊瑚礁礫石灘上，不易被發現。
5.小雲雀的卵具有斑駁的褐色斑紋，與環境互相融合。
6.唐白鷺淡藍色的卵相當的顯眼，但因為其戀巢性較高，不會輕易拋下巢卵獨自離開。

point

03

Chapter 3 飛羽之愛

智慧型親鳥孵蛋法

粉紅鸚嘴親鳥蹲伏於巢中，對柔弱的幼雛進行孵雛工作，而配偶則需要肩負起覓食育雛的任務。

大部分鳥類的卵需要依賴親鳥的孵育與照顧才能順利孵化。由於牠們身上的羽毛會阻礙熱的傳導，所以在繁殖期間，負責抱卵的親鳥腹部羽毛會自動脫落，形成一塊裸露且充滿微血管的孵卵斑。孵卵時將蛋置於孵卵斑下方，親鳥身上的熱能便能更有效率的傳送到蛋裡面。雁鴨等水鳥的羽毛不會自動脫落，所以會以嘴喙拔除腹部羽毛以利於孵蛋，並將拔下的羽毛作為柔軟溫暖的巢襯。

發育中的鳥蛋對溫度十分敏感，不管過冷或過熱都可能斷送生機，因此除了要隨時注意保暖外，當天氣過於炎熱時，親鳥也需要採取一些降溫的措施，如以翅膀為蛋搧風、用身體形成的陰影擋住陽光，甚至以腹部的羽毛吸滿水份再幫巢卵降溫等，只為了讓脆弱的蛋可得到一絲清涼。

1. 綠鳩的幼鳥雖然已經發育得相當完好，但是護子心切的親鳥依然呵護備至，蹲伏在巢上對幼鳥進行孵雛。
2. 黃鸝的腹部羽毛會脫落，形成充滿微血管的裸露皺摺皮膚，藉著這個特化的「孵卵斑」構造，鳥類便能更有效率的將體熱傳導，以促進巢卵的正常發育。
3. 黑冠麻鷺親鳥站立巢邊，對於即將破殼孵化的雛卵顯得格外躁動與興奮。
4. 在蘭嶼熱帶密林裡進行孵卵的黑綬帶鳥。

point 04 破殼而出

對蛋中的幼鳥而言，要以軟弱的身體與嘴喙從狹小蛋殼裡掙脫並非易事。所以當孵化的時間接近，蛋殼會逐漸變薄，在蛋較圓的一端會產生一個氣室，同時幼鳥也會在嘴喙尖端長出一個較硬的骨質突出，稱為「卵齒」。

當破殼時間來臨，幼鳥會先利用卵齒在蛋的較圓一端弄破一個小裂縫，再擺擺頭、踢踢腳，用盡身體的力氣往外推，給予蛋最大的壓力，讓裂縫變大，終至整個破裂，幼鳥便可以成功的破殼而出了。

蛋的孵化時間攸關幼鳥的生存，所以相當重要。過晚孵化的幼鳥可能因為體型較其他手足瘦弱而遭到親鳥選擇性棄養。而且同一巢蛋的孵化期如果拖得太長，破殼時發出的聲音、氣味以及蛋殼碎片容易引起掠食者注意而招來危險。

牽絆住整個小鷿鷈家族行動的最後一顆卵，終於裂開了一道小破洞，原本處之泰然的雌鳥開始顯得興奮與躁動。就在親鳥持續添加遮蔽巢材的同時，幼鳥已經從碎裂成兩半的蛋殼之中伸出孱弱的頸子，探索陌生卻又新奇的世界。親鳥在興奮之餘，緊接著咬起蛋殼帶到遠離窩巢的水中拋棄，唯恐卵膜與殘存液體產生的味道，會招致掠食者的降臨，。接著親鳥會回到巢中幫新生幼雛保暖。再過不久，親鳥將會帶著這一窩幼鳥開始闖蕩廣大的水域。

黑面琵鷺與兩隻剛孵化的幼雛。不

燕鴴即將孵化的幼鳥已經在蛋殼上敲

剛孵出的栗小鷺幼雛，以及親鳥還

point 05

Chapter 3 飛羽之愛

無微不至育兒術

剛孵化的幼鳥依其成熟狀態可以分為兩類：一類為早成性鳥類，牠們在破殼後幾個小時內，便可開始跟隨親鳥活動與覓食；另一類為晚成性鳥類，牠們只會張嘴索食，食物完全仰賴親鳥提供。為了餵飽對食物需索無度的晚成性幼鳥，育雛期間的親鳥們除了短暫的休息時間外，大部分時間都用於覓食，以吃昆蟲的幼鳥而言，親鳥平均每二至三分鐘便要帶回食物，這麼龐大的工作量絕非單方親鳥所能獨立勝任，所以除了水雉、彩鷸、白頭錦鴝等特定鳥類外，育雛的工作通常由雙親共同負責。

為了使幼鳥能順利長成，鳥類除了選擇於食物供應豐富的季節繁殖外，牠們於繁殖前也會評估棲地環境的變化與食物取得的難易，來決定所需覓食領域的大小。在食物供應充足的環境中，鳥兒築巢的密度通常較高。

黑枕藍鶲親鳥回巢之前，習慣以連續的哨音作為昭告的訊號，而幼鳥也因為感受到親鳥即將帶著豐盛食物回來的前兆，手足之間互不相讓，各自抬高搖晃的頭頸，並張大嘴喙以高聲索食，通常親鳥會以嘴巴張合的大小，以及發聲索食的殷切需求程度，作為對幼鳥餵食的優先順序判斷。

1. 蒼燕鷗雙親對於才剛孵化僅二個小時，尚且沒有自由行動能力的雛鳥，呵護備至並爭相餵食。

2. 黑尾鷗基於族群的利益，對於掉落至海面的幼雛發揮互助照護，陸續前來關切的成鳥戒護圍繞著落水的幼鳥，直到牠自行划水上岸並脫離險境，成鳥方才陸續離開。

3. 黑面琵鷺以反芻的半消化乳狀液體餵養剛孵出僅一天的幼雛，面對搖頭晃腦纖頸無力的新生柔弱幼兒，黑面琵鷺親鳥極具耐心的略微張開嘴喙，將幼雛的纖嘴輕柔啣含，並細心向上引導到嘴角部位；再擴張嘴喙基部使幼雛的整個頭頸進入親鳥喉嚨，接著親鳥再將頭頸以朝向側下方放倒的姿勢，使喉嚨的位置比嗉囊稍低，以利於反芻的乳狀半消化液體能順利逆流，進入幼雛的消化道之中。

1

2

3

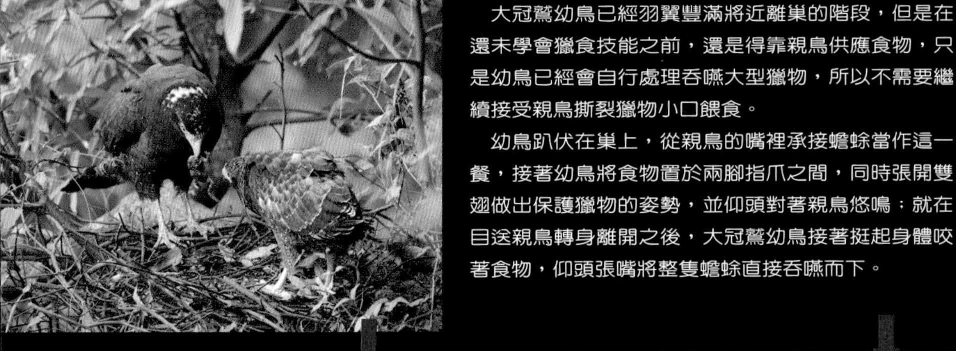

大冠鷲幼鳥已經羽翼豐滿將近離巢的階段，但是在還未學會獵食技能之前，還是得靠親鳥供應食物，只是幼鳥已經會自行處理吞嚥大型獵物，所以不需要繼續接受親鳥撕裂獵物小口餵食。

幼鳥趴伏在巢上，從親鳥的嘴裡承接蟾蜍當作這一餐，接著幼鳥將食物置於兩腳指爪之間，同時張開雙翅做出保護獵物的姿勢，並仰頭對著親鳥悠鳴；就在目送親鳥轉身離開之後，大冠鷲幼鳥接著挺起身體咬著食物，仰頭張嘴將整隻蟾蜍直接吞嚥而下。

point 06

Chapter 3 飛羽之愛

小小鳥兒當自強

紅冠水雞剛孵化不到一個小時的幼雛，已經能夠以踉蹌的腳步離開巢位，行走到水邊，並且已具備浮水游泳的能力。

地棲性的鳥類受到掠食者的威脅較大，幼鳥孵化後有儘速離巢的壓力，所以多屬早成性。早成性的鳥類在孵化後眼睛便已睜開，身體也長出保暖絨毛，幾個小時內便可跟著親鳥一起離巢覓食，甚至還會奔跑或游泳。

早成性幼鳥破殼後的成熟度高，所以牠們的蛋通常較大，裡面提供足夠的營養，讓幼鳥可以在蛋中充分發育。而破殼而出的幼鳥成熟度越高，親鳥的抱卵期也越長。

早成性的幼鳥雖然獨立，但仍需要親鳥的照顧與保護，在晚間或天候不佳時，親鳥會以雙翼給予保溫庇護。遇到危險時，親鳥會立即發出鳴叫警示，幼鳥聞聲後立刻蹲伏保持不動，利用身上與環境相似的保護色斑紋進行偽裝。

還有一種半早成性鳥類的繁殖形式，介於早成性與晚成性之間，牠們採用的是半早成性的折衷策略，幼鳥雖然出生後眼睛即已睜開和具有絨毛的保護，而且孵化不久就具備步行、游泳以及蹲伏躲藏的避敵能力，但還是需要親鳥的食物餵養數星期後才能獨立，鷗科與燕鷗科幼鳥是典型的半早成性型態。

1. 磯雁媽媽引領著一窩小鴨子躲進草叢中避敵。
2. 高蹺鴴親鳥帶領著幼鳥在沼澤濕地覓食。
3. 紅燕鷗幼鳥屬於半早成性，親鳥正努力提供食物。
4. 黑頸鸊鷉的幼鳥偶爾自行摸索覓食，但是絕大部份食物的來源得完全靠著親鳥的提供撫育。
5. 冠鸊鷉親鳥帶著幼鳥覓食。

point 07

Chapter 3 飛羽之愛

只要我長大

在洞穴或密林中築巢的鳥類，其居處不易被天敵發現，安全性高，所以幼鳥沒有迅速早熟的壓力，可以在親鳥撫育下慢慢成長。這類晚成性的鳥類，牠們的蛋較小且孵化期很短，幼鳥孵出時，眼睛尚未睜開，全身裸露無毛，而且雙腳瘦弱仍無法站立。此時的幼鳥如同粉紅色肉團，毫無自保能力，只能虛弱無能的依靠親鳥餵食與保護，才能存活。不過由於親鳥會頻繁的提供營養且充足的食物，而且幼鳥的腸道發育漸趨完全，能有效消化吸收，所以牠們的成長狀況，最後會如同龜兔賽跑般，超過需要獨立覓食的早成性幼鳥。

1.黑枕藍鶲的幼雛，正向著親鳥張嘴乞食。

2.已離巢的黃小鷺幼鳥，站在香蒲稈上接受親鳥餵食。

3.灰面鵟鷹母鳥耐心撕裂捕獲的青蛙，再逐一餵食給還未具覓食與處理食物能力的幼鳥。

4.綠繡眼親鳥以構樹的聚合果實，餵食羽翼齊全即將離巢的幼鳥。

5.小雲雀的晚成性幼鳥全身雛羽稀疏，兩眼尚未睜開的孱弱模樣，唯一會做的就是搖頭張嘴出聲乞食，以獲得親鳥的食物供應。

左頁圖：唐白鷺的幼鳥站在巢中等待親鳥回來餵食。

杜鵑赤色型雌鳥在草原上飛行以搜索托卵寄生的對象，一旦相中目標之後，就會長時間監視，並利用機會偷偷摸摸將卵產於不知情的養父母巢中。

point 08

Chapter 3 飛羽之愛

疲於奔命養父母

托卵寄生的蛋通常較早孵出，破殼後的杜鵑幼鳥除了本能的以背部將巢中的幼鳥或蛋推出巢外，完全獨占親鳥的照顧外，牠們還有短時間內讓自己迅速長成的策略。經過長期的物競天擇，托卵的幼鳥嘴中演化出特殊的記號以及顏色，能夠刺激親鳥餵食，而且還會靠著不斷地張大嘴巴，發出急切索食的叫聲，讓親鳥疲於奔命，竭盡所能尋找足夠的食物，所以杜鵑幼鳥的成長速度十分快，孵化三週後，牠的體重可增加到約出生時的15倍重，比養父母的體型還要大上數倍。

而出於自願性的收養行為，在鳥類世界裡實屬罕見，基於基因的自私特質，鮮少親鳥願意主動且無償的代養非自己親生的幼雛。鳥類自然界的收養現象，目前所知似乎僅發現美國加州的一種燕鷗，而筆者也曾親自在澎湖無人島記錄到疑似小燕鷗的收養行為。

噪鵑雌鳥通常以椋鳥科作為托卵寄生的對象，在金門有穩定繁殖紀錄的黑領椋鳥，就成了經常遭受利用作為代理親職的倒楣目標。剛孵化的噪鵑雛鳥會基於本能，將養父母的親生雛卵推出巢外，再獨佔有限的食物資源。而絲毫不知情的養父母在任勞任怨的勤奮餵食下，將養子飼育到比自己壯碩龐大，幼鳥離巢之後仍將繼續跟隨著養父母一段時間，並努力榨取食物直到完全獨立。

在無人小島上的小燕鷗保護區裡，近三百對小燕鷗的繁殖巢，在這塊狹小的範圍內比鄰而居。我選定這個巢位當作觀察紀錄的目標，因為它擁有良好的視野與單純的背景，且搭設掩蔽帳的地點，是一個不易排水的凹地，小燕鷗感覺有積水之虞，紛紛捨棄作為築巢的地點，也讓我免除因為搭帳造成其他巢位干擾的顧慮。

觀察一陣子便發現特殊的情況，原本巢中只有兩顆還在親鳥蹲孵階段的蛋，今日巢邊卻突然出現了一隻孵化約僅半天，並且步履蹣跚的雛鳥。雖然小燕鷗每次繁殖可產下2～3顆蛋，只是昨日確定只有兩顆鳥蛋的巢中，竟然爬出第三隻剛孵化不久的幼雛，的確令人百思不解，當下決定全心觀察後續發展以解開心中的謎團。

孵卵的成鳥在天空開始飄降微雨時歸來並隨即蹲伏於巢中，不久接著起身走到發出纖弱鳴聲的幼鳥跟前，以伏低上身的孵雛姿勢準備接納幼鳥；此時，後方出現另一隻成鳥貼近觀望，正準備孵雛的親鳥也不甘示弱立即飛出驅逐追擊，就在一陣騷動之後，幼鳥已蹲伏於巢卵中。

剛才被追趕的成鳥再次慢慢接近幼鳥，並張嘴發出短促鳴聲呼喚幼鳥，似乎想要將幼鳥引導至身邊；此刻巢卵的主人十萬火急的飛奔回來，趕走了該成鳥，緊接著蹲伏下身，將幼雛和兩顆蛋同時保護在羽翼之下。根據親身觀察的種種跡象判斷，這極有可能是鳥類界罕見的收養行為。

point 09

鳥類也要坐月子

一般而言，雌雄親鳥會肩負起輪流孵卵、共同育雛的重責大任，然而在幼鳥剛孵化仍處於濕軟嬌弱，尚需孵雛或是巢中雛卵並存時，其中一方依舊會蹲伏巢中照顧雛卵，另一方就需負起提供食物的責任，並將食物交給巢中照料的親鳥負責餵食。

親鳥交接食物的過程一般在巢內進行，但有時雄鳥帶食物回來並不進巢，而是呼喚雌鳥至巢外交接食物，以猛禽為例，交接食物的地點有時在巢外的棲枝，亦可能直接於空中拋接進行；因為部分猛禽雌鳥對幼雛的獨佔慾念較為強烈，所以雄鳥進巢後常常丟下獵物後，便迅速離去，以免遭到雌鳥驅趕。

灰面鵟鷹雄鳥同樣是在雌鳥孵蛋或是孵雛的階段，肩負比較重的覓食責任，牠們會在巢邊不遠的棲枝上交接食物，或是由雄鳥親自帶回巢內將獵物交給雌鳥。

左頁圖：黃鸝雄鳥帶回一隻肥嫩的毛蟲，打算親自餵育幼雛，不料卻遭到盤據在巢中不願意讓位的雌黃鸝半路攔截，兩者就在你來我往的拉扯之間互不相讓。

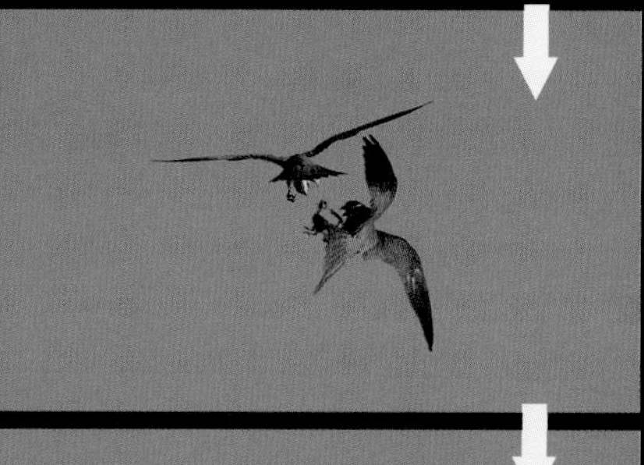

燕隼利用喜鵲位於高大喬木上的舊巢作為繁殖巢位；當幼雛尚且孱弱需要雌鳥孵雛照護，雄鳥通常需要擔負大部份的覓食責任，而帶回獵物的雄鳥通常在直接進巢的短暫停留時間，將食物交給配偶處理和餵育幼雛；但是有時候雄鳥不進巢位，而是在回巢的途中高聲呼喚雌鳥，並在空中完成交接食物過程。此時雌鳥會發出急促的短鳴聲加以回應，並升空貼近雄鳥下方以等速度飛行，接著翻身以腳爪朝上的姿勢，承接由雄鳥腳爪拋下的獵物再帶回巢內餵食幼雛。

point
10

Chapter 3 飛羽之愛

親子溝通無障礙

早成性或半早成性的幼雛，由於剛孵化不久就已經具備行走或游泳的能力，倘若親子之間因故走失，通常牠們會藉由辨識彼此的叫聲重新喚回幼雛。而親子之間些微鳴聲異同的默契與熟悉，端賴親鳥孵卵時，彼此便已經開始建立起聲音的交流與印記。

這種辨識聲音的銘記印象，對群聚繁殖的燕鷗與鷗科鳥類特別重要，試想一隻叼了滿嘴丁香魚心急如焚的燕鷗親鳥，面對成千上萬到處亂竄而且長相幾乎一模一樣的幼雛，若非藉助這項本能，絕對無法找到自己的親雛。

同樣晚成性的幼鳥，在離巢後親鳥除了需要借助過人的眼力之外，還得依靠幼鳥的獨特鳴叫聲，才能找到自己含辛茹苦拉拔長大的親雛。

跳鴴在入侵者遠離之後，對著草叢呼喚，希望藏身其中以躲避威脅的幼鳥能夠即時現身。

赤足鷸呼喚幼鳥。

水雉雄鳥呼喚藏身於菱角田交錯莖葉中的幼雛。

黑嘴鷗親鳥回到巢中卻不見幼雛蹤影，連忙高聲呼喚。

point 11

Chapter 3 飛羽之愛

會吵的小孩有糖吃

剛孵化的晚成性幼雛，似乎是世上最無助的動物之一，儘管全身無毛、雙目未明，只要巢樹梢稍微震，整窩幼雛便急急忙忙抬起孱弱欲斷的細頸，撐開血盆黃口奮力索討食物。幼雛醒目的黃色或紅色嘴喙，更是親鳥餵食時瞄準的顯眼目標，有些的雛鳥嘴喙內部，更有能夠刺激親鳥不假思索就投以食物的醒目斑點。

幼雛迫切催促的索食叫聲，也是親鳥無法抗拒的餵食動機，所謂「會吵的小孩有糖吃」，只是幼雛也必須要拿捏索食叫聲大小的標準，否則招致掠食者到來，將導致整巢皆輸的慘敗局面。

左頁圖：八哥離巢的幼雛緊緊尾隨著親鳥的身後乞求食物，親鳥直接啣咬木瓜餵食幼鳥，一方面省去路程往返，同時兼具教導覓食方法和傳承食物來源，以加速幼鳥獨立的時程。

1. 黑冠麻鷺的幼鳥晃動軀體手舞足蹈，抬起頭頸張大嘴喙並發出殷切的鳴叫，以刺激親鳥反芻食物餵食。
2. 綠繡眼的雛鳥搖晃著頭頸向親鳥索求食物。
3. 大冠鷲幼鳥對著停立在遠方枝頭，監視和保護巢位的親鳥發出尖聲鳴叫的迫切索食嘯聲，催促親鳥盡速帶回食物以填飽飢餓的胃。
4. 噪鵑的幼鳥趴伏在棲枝上，同時翹起尾羽，抖動微張且下壓的雙翅，表現出索食的姿勢。
5. 黑嘴鷗的親鳥面對強烈索食的幼鳥並未立刻做出回應，而是稍事觀望等到同巢的另一隻幼鳥聞訊而至，才反嘔出食物以公平撫育幼雛。
6. 白頭翁幼鳥已經離巢並且具備獨自覓食的能力，但是兩隻幼鳥卻同時面向對方，擺出索討食物的姿勢，誰也不願意率先自行覓食。

2

3

4

5

6

point 12

Chapter 3 飛羽之愛

殘酷的手足相爭

一般而言，手足相殘的現象比較容易發生在食物缺乏的環境，幼雛為了獨佔大部份珍貴的食物資源，直接或間接對其他相對弱勢的手足狠下毒手。據研究，親鳥在繁殖之初就會評估領域內食物資源是否充裕，以作為當季產卵數量的參考依據，然而部份鳥種為了分攤風險以增加繁殖的成功率，通常會多生一至二顆蛋，然後藉由幼鳥間的「良性競爭」篩選出最優異和值得存活下來的子代基因。

在自然淘汰下，最虛弱的幼鳥因為爭奪不到食物，導致日漸衰弱，最後終於來不及長大。發生在掠食性猛禽的例子就比較殘酷血腥，稱之為「亞伯與該隱現象」（取聖經裡手足相殘的章節為名）幼雛為了獨佔匱乏的食物，會在巢內以嘴喙互相攻擊啄食，而親鳥即使守在一旁，也會放任這種行為的發生，有部份的種類甚至會在落敗的一方命喪黃泉之後，將其屍骨餵給其他存活的個體，以善加利用有限的「食物」資源。

左圖：灰面鵟鷹儘管有四隻嗷嗷待哺的幼鳥，但是因為擁有豐富的食物來源，所以手足之間都夠相安無事和平成長至離巢。

拍攝紀錄中的這一對蒼鷹，生育了3隻全身覆蓋著毛茸茸白色細緻羽絨的孱弱幼鳥；蒼鷹是生活在樹林裡擁有優異獵捕技巧的可怕掠食者，以獵捕其他鳥類為主要食物，是眾多飛禽眼中厲害的狠角色。

蒼鷹幼鳥雖然外表看似柔弱無害，甚至於不具攻擊性的可愛模樣，然而事實上手足之間為了生存，無時無刻都在上演著相互競爭的戲碼。

幼鳥之間以銳利的嘴喙相互啄咬攻擊，藉以較量並分出強弱排序，雖然親鳥在餵育雛鳥時，可能存在偏愛餵食特定幼鳥的情況，但通常以幼鳥乞食的殷切需索作為優先順序，然而在位階較低的弱勢個體不敢挺身爭食的情況下，排序優先的幼鳥總是先得到溫飽。

隨著幼鳥漸長，匱乏的食物來源更形捉襟見肘，而幼鳥之間的競爭愈演愈烈，更頻繁與激烈的攻擊事件不斷發生。陸續遭到刻意啄傷嘴喙的兩隻幼鳥，終將因為嘴巴發炎腫脹吞嚥困難，導致體力日益虛弱，最後從這場優勝劣敗的手足競爭中敗下陣來，留下強勢的幼鳥獨自享受親鳥提供的所有資源與照顧。

point 13

Chapter 3 飛羽之愛

想飛的日子

飛行對於鳥類似乎是與生俱來的本能，一剛離巢才僅僅兩個月的灰面鵟鷹幼鳥，就必跟上度冬族群遷徙的腳步；從出生地北方溫森林，翻山越嶺遠渡重洋，途中經歷多少惡天候的考驗與天敵的侵擾，才能安然飛抵南熱帶季風雨林的陌生國度。

像此種遷徙性鳥類離巢後不久，就必須通此一耐力與體力的嚴格考驗，在物競天擇的選之下，方能確保整個族群有最優秀的基因在渴望翱翔的天性驅使之下，儘管只是羽翼豐的嫩嫩幼雛，也會在陣風吹過巢樹之際，能的抬羽搧翅練習飛翔。

大冠鷲的幼鳥不論是體型或是羽色，都已經發育成與親鳥差不多，即將到達離巢階段。不過猛禽的幼鳥在離開窩巢之後，仍然要跟在親鳥身邊一段時間，以學習獵捕技巧，相形之下，飛行似乎成了與生俱來的本能。在一陣陣搖晃著巢樹枝葉的大風吹襲之下，幼鳥似乎也感受到氣流的變化，反射性的抬起了羽翼轉身迎向吹拂的方位，隨即奮力向下搧動厚實的翼面，此時下切的風壓迫使幼鳥的軀體形成一股反向抬起的浮力，使得幼鳥雙腳得以離開巢面，也讓牠提早體驗了軀體離地的飛行快感。

point 14

Chapter 3 飛羽之愛

像爸爸像媽媽

大赤啄木雌成鳥與從樹幹巢洞中探出頭的雄性幼鳥。

五色鳥的幼鳥羽毛已經齊全，卻還賴在洞不願離巢，其羽色只比親鳥稍微暗淡樸素

部分鳥類親子之間的確有著極為懸殊的外貌差異。一般而言，剛破殼而出的猛禽與早成性鳥類的幼雛，幾乎是全身披覆著絨毛，隨著雛羽（翨）日漸長出，絨羽跟著慢慢脫落，等到羽翼完全豐滿將近獨立階段，其身上的羽色除了較為黯淡之外，已經與親鳥無極大差別（部分猛禽可由胸腹部縱、橫斑紋的方向，和虹膜的顏色區分親子間的差異）。

部分鳥類在幼鳥期以至於亞成鳥階段，其身上羽色與親鳥之間還是存在著明顯的差別，必須等到牠們長至預備繁殖的階段，才會與成鳥的羽色完全一致。

燕鴴是屬於早成性幼鳥，孵出幾個小時內就能自由活動，而這也是親鳥不需要花費太多時間精力築巢的主要原因之一。

朱鸝雄鳥餵食羽翼尚未豐滿但已離巢的雛鳥。

番鵑的幼鳥與成鳥的羽色明顯不同。

尚在樹洞巢中的戴勝幼鳥，嘴喙還未發育完成，明顯較親鳥短小。

翠翼鳩的雄鳥與幼鳥，其雛羽尚未從羽鞘中顯露出來，幾乎全身赤裸。

綠鳩親鳥緊貼著羽翼尚未完全豐滿卻已經急著離巢的幼鳥。

翠鳥的幼鳥雖然在洞穴巢中發育完全，待具備飛行能力之後才會離巢，其嘴喙明顯較短，而且羽色黯淡缺乏光澤。

斑文鳥幼鳥的胸腹部缺少成鳥的矢形花紋。

雀幼鳥的羽色較親鳥稍淡，其餘色塊大略相同。

黑尾鷗的幼鳥，毛茸茸的外表與成鳥明顯不同。

番鵑的幼鳥與成鳥的羽色明顯不同。

冠鸊鷉的幼雛滿臉花紋宛若京劇花臉。

燕鴴憑藉的保護色，隱藏在草地或是礫石堆中。

台灣原始山林最神秘威武的熊鷹雌鳥與其幼鳥。

point 15

Chapter 3 飛羽之愛

不像爸爸也不像媽媽

有部份鳥種的身體顏色變化頗大，相同鳥種之間卻有著截然不同的羽色變化，我們稱之為「色型」。例如東方蜂鷹有暗色型、淡色型和介於兩者之間的中間型，這三種色型加上雌、雄成鳥與雌、雄幼鳥之間的些微差異，排列組合之後，羽色表現竟然多達12種；這麼複雜的羽色變化，很容易讓剛入門的賞鳥者無從分辨，經常誤判為不同的鳥種。

另一種羽色變異的情形則是羽毛上的色素發生異常現象，缺乏黑色素時羽毛呈現白色，稱為白化症(albinism)。這是自然界較常出現的羽色異常現象，白化症的個體通常部份羽毛變白，或是全部羽毛呈現白色；而出現過多黑色素的變異個體，則稱為黑變症(melanism)。

在河床等待拍攝灰面鵟鷹喝水畫面，卻無意間發現這隻翠鳥的白化個體，牠停在掩蔽帳前僅僅不到一分鐘，匆匆驚鴻一瞥，還來不及更換底片，就從掩蔽帳狹小的視線中消逝無影無蹤。

儘管東方蜂鷹雌雄鳥之間雖然各有三種色型，但是彼此基因卻能夠相互吻合，進行配對繁殖絲毫沒有障礙。有趣的是，可能在一個繁殖巢裡觀察到雄鳥是暗色型而雌鳥是淡色型，但兩隻幼鳥一是中間型，另一隻卻是暗色型，或是其他色型的怪異組合方式。

岩鷺也有完全相反的顏色表現，白色型與黑色型的繁殖配對同樣能夠產出下一代，只是體色純白的白色型岩鷺在野地裡比較少見，原因可能是顯眼的純白色個體，在棲息覓食的黝黑深褐色岩石海岸環境裡，特別醒目而且缺乏隱蔽效果。

小白鷺正常的體色應該是純白，但是在野外也存在著極少數黑色素過多的變異個體，這隻黑色型個體，便獨自過著離群索居的生活，由此看來，特異的形態體色，或許會遭到同伴間相當程度的排擠吧。

point 16

Chapter 3 飛羽之愛

天生愛變裝

鳥類的偽裝行為是長期演化而來的結果，這種遺傳的行為不需要經過學習。栗小鷺、黃小鷺等鷺科鳥類，無論是成鳥或幼鳥，都有天生的偽裝習性，牠們身上的縱向斑紋有擬色的效果，和其棲息的草澤顏色相近，遇有風吹草動便會機警的將嘴朝向上，身體僵直不動，偽裝成紅樹林的氣根，或是左右晃動模擬成隨風搖擺的草梗，以混淆掠食者的目光。

貓頭鷹也是偽裝高手，黃嘴角鴞、領角鴞等看似耳朵的角羽，其實具有偽裝的功能，當其躲匿於樹上，一動也不動的豎起角羽，遠看很像斷裂的樹枝。而無角羽的貓頭鷹如鵂鶹，則會利用其圓圓的身軀與深淺不同的灰褐羽色，靜立於樹幹分叉處做偽裝，遠看就像樹瘤。鳥類的擬態行為不僅利於安全上的防禦，亦可增加捕食的成功率。

當夜鷹在孵蛋或是育雛的繁殖階段，對於靠近雛卵的入侵者，雖然也只能以暫時離開巢位加以因應，不過仍會停棲在巢邊周遭，並以能持續監視天敵的理想位置為優先考量；雖然夜鷹通常以地面為主要的活動環境，但也擅長停棲於分叉枝幹，並擬態成樹瘤的不動姿勢，僅以裂成一條細縫的眼睛監看著四周。

上圖：領角鴞在白天停棲於枝幹分叉處，將樹幹的神韻模擬得維妙維肖。

左頁圖：黑冠麻鷺若遇天敵靠近會將身體筆直挺立，並將嘴喙伸直向上，以喉部延伸到胸腹的縱紋面對威脅的方向，模擬樹幹向上的斷枝。由於黑冠麻鷺的視線範圍從嘴喙正前方延伸到喉部下方，其作用是水平伸直頭頸進行覓食行為時，既要兼顧前方有否天敵接近，同時搜尋地面青蛙、蚯蚓等獵物。因此黑冠麻鷺以喉頸面對入侵的天敵時，其實正以朝下的目光監視著掠食者的一舉一動；當親鳥離開窩巢外出覓食時，巢中的幼雛也會本能的使用擬態招數，只是容易分心，無法

Chapter 3
飛羽之愛

point 17

天然隱形衣

鳥類體表飛羽的顏色，是造物者巧思的最佳表現。除了於繁殖期外，多數鳥兒的羽色都呈現樸素暗褐，鳥兒的保護色可視為最基本的偽裝表現，多數的鳥類從卵、幼鳥至成鳥都有接近環境色的外表。鳥兒們身上的保護色讓牠們在掠食者面前隱形，以確保安全；在獵物面前也可得到良好隱蔽，以便成功覓食。以水中生物為食的東方環頸鴴、彩鷸等水鳥為例，其背部的顏色斑紋多呈現接近泥土或枯草的灰褐色調，使來自空中的天敵不易發現牠們的存在；胸腹部則為白色，讓水中的動物誤以為是明亮的天空而失去防備。

下圖：東方環頸鴴的早成性幼鳥孵化離巢之後，幾乎需要完全靠自己覓食與躲避敵害，在一旁擔任警戒的親鳥最多只能及早出聲警告和擬傷誘敵，接著只能靠著幼鳥身上光影交錯的保護色，和靜止不動的蹲臥在植物間或是礫石泥地上，以混淆天敵的視聽。

下圖：黑嘴鷗的幼鳥身上如黃土草地般的淡褐絨羽，加上如同斑駁光影的暗色斑紋，使牠趴伏於地面的不動姿勢，很難被掠食動物發現。

圖、左頁圖：夜鷹將繁殖的巢位選擇在與自身褐斑駁羽色相近的礫石稀疏草原環境，正在孵中的親鳥憑藉著良好的保護色，儘管入侵者步逼近，也不願意移動身軀，很可能是擔心在天的睽睽目光下突然移動身子，反而引起注意而露了巢位。夜鷹不論是毛絨絨的雛鳥，抑或是色斑駁不動如山的親鳥，牠們與環境相似的羽顏色常令天敵為之目眩。在記錄夜鷹繁殖的過中，也經常在視線稍微離開夜鷹之後，便頓時去牠的行蹤，經過猶如大海撈針的地毯式搜尋後，才好不容易又掌握到其所在的位置。

point 18

Chapter 3 飛羽之愛

捨命護幼雛

正在孵卵育雛的部分鳥類，一旦發現天敵靠近其巢穴時，為保護牠的卵或幼鳥，親鳥馬上表現出奇特的擬傷行為，並冒著生命危險以身誘敵。當入侵者慢慢接近時，親鳥會偷偷離巢，並在入侵者面前偽裝受傷，牠們會一面假裝痛苦的尖叫，一面拖著看似折損的單翼或雙翼，撲跌在地上可憐的掙扎拖行，維妙維肖的演出，讓掠食者相信眼前受重傷的鳥兒，應該相當容易手到擒來，因而放棄尋找巢穴，轉而追逐無助的傷鳥。等親鳥將掠食者反方向誘至離巢有一段安全距離後，親鳥會突然復原，振翅逃開，留下滿頭霧水的掠食者。

小燕鷗親鳥對於靠近繁殖巢區過近的入侵天敵，有時會揚起雙翅並大力擺動，以擬態成受傷的姿勢，誘使掠食者注意並轉移目標。

高蹺鴴有時也會以擬態成折翅跛行的痛苦受傷姿勢，或者只是以誇張的搧翅動作同時高聲尖叫，希望引起入侵者的注意以誘發天敵的好奇與追擊，等到入侵者遠離幼鳥或是窩巢的安全警戒距離，親鳥便突然振翅高飛，留下一臉茫然的入侵者。

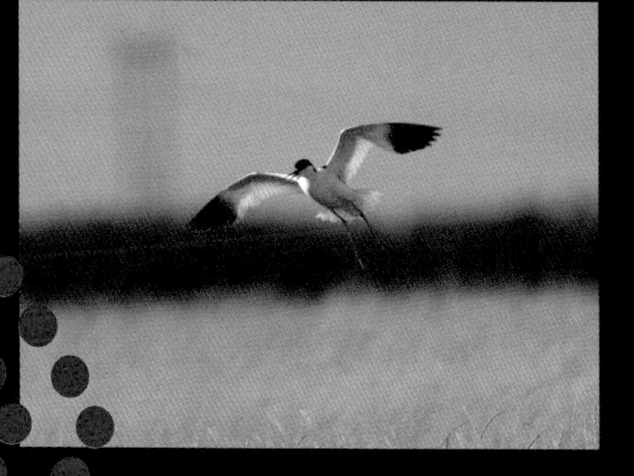

在北方內陸湖泊繁殖的反嘴鴴，以極其誇張的姿勢貼地低空飛行，為了保護無法藉由飛行以躲避敵害的幼雛，反嘴鴴親鳥下垂雙腳同時使用極大幅度卻緩慢的拍翅頻率，以平緩飄動的滯空飛行姿態周旋於入侵者眼前，同時發出淒厲的叫聲，嚇阻擅闖繁殖領域的入侵天敵。

Chapter ④ Movement 天空之翼

point 01

Chapter 4 天空之翼

飛行奇蹟

像鳥兒一般自在的翱翔於天際，是自古以來人類最大的夢想，這個因豔羨而產生的研究動力也造就了人類飛行科技的日新月異。鳥類能夠飛行的秘密何在？一直是人們極想解開的謎團。研究發現，鳥兒的身體可說是專為飛行精心打造的小宇宙，擁有特殊進化的構造，使鳥兒能自由無礙的飛翔，這些構造包括以下的部份：

◎中空的骨骼：為了減輕重量，鳥類的骨骼內部發展成中空，而且用來攝食的上下顎與利齒，也由質輕堅固的角質化嘴喙所取代。而為了顧及身體的負荷力與靈敏度，其身體更由內部強化支撐的細部桁架所構成，讓鳥兒的身軀不僅質輕而且堅韌。

◎氣囊：大多數的鳥類在頸部、前胸以及腹部後側等體腔空間長有氣囊，這些氣囊不僅使鳥類身軀更加輕盈，還能為因高速飛行而大量耗氧的鳥類提供更多的氧氣。

◎羽毛：鳥類外表為輕盈又具機動性的羽毛所覆蓋，從頭至尾呈現平順的流線型，可減少飛行阻力，讓流經的氣流更順暢。

鳥類的飛行方式有很多種，不同鳥類飛行的方法也不相同，除了與本身的翼形與身體構造相關外，也受到風力、所在環境以及覓食策略的影響。

雙翼是鳥類的飛行工具，根據出土的化石證據顯示，
是由爬蟲類的前肢演化而來。

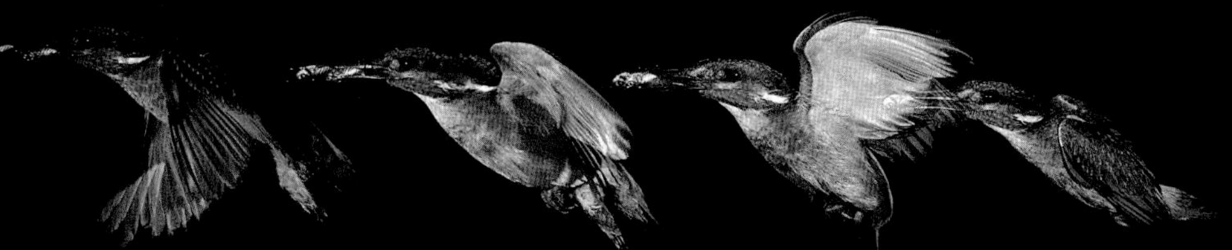

上圖：翠鳥將上舉的雙翅向下拍擊，藉以產生向上的浮力與向前的衝力，接著收回翅膀、開展尾翼，利用前衝的動能維持高度，並在翼面由平伸上揚至最高臨界點的瞬間，衝力減低高度即將下滑的同時再次下拍雙翅，以便重新獲得浮力與衝力，鳥類便是藉著不斷的拍翅，才能持續滯空前進。

左圖：遷徙性水鳥通常翼型狹窄修長，雖然欠缺緊急轉向、凌空翻飛的花式技巧，卻具有遠渡重洋的長途遷徙能力。

point 02

Chapter 4 天空之翼

展翅高飛

鳥類藉著翅膀上下運動所產生的上升氣流，將身體往上推，同時翅膀也會如同船槳般向前移動，推動空氣，讓身體在空中前進。鳥類的拍翅動作，依照鳥類翼形的大小與形狀有著很大的差異。一般而言，體型越小的鳥類，其拍翅的幅度較大、頻率也較快；而翼面較寬廣的大型鳥類，則多半擅於利用氣流，從事省力的定翅飛行，此種飛行方式又可分為盤旋與翱翔。

盤旋又稱為熱力飛翔，鸛、鶴、鷹、鵰等翼面與尾羽寬大的鳥類，能聰明的張開雙翼，利用地面的上升熱氣流，使身體冉冉上飄。當熱氣流隨著高度增加逐漸冷卻時，牠們便滑降到另一上升熱氣流，如此重複毫不費力就可以飛得很遠，此種滑翔所需的能量只有拍翅的二十分之一，可說是相當省力而且有效的飛行方式。

翱翔又稱為動力飛翔，是駕馭大氣中不斷流動的水平氣流，藉以產生動力的飛行方式。鳥類頂風飛行時，氣流通過翅膀產生浮力會使其不斷上升，然而改變翅膀與風向相切的角度，便能改變鳥類翱翔的高度與方向，因此常見遷徙中的猛禽，以側風滑行的方式編隊快速飛行。

生活於海島環境的黑尾鷗，擅於利用海面水平流動與岩壁間垂直上升的氣流，從事省力的定翅翱翔。

蒼燕鷗以每秒鐘1～2下的緩慢拍翅頻率，優雅的飛行於海面上，並不時低頭搜尋水面魚群，每當發現獵物之後即刻翻轉，朝下衝進水面以嘴喙獵捕魚類。

左圖：剛從停棲的山谷中起飛的灰面鵟鷹，
力的拍動著雙翅才能提升飛行高度。

下圖：鳳頭蒼鷹的翼面圓短寬廣，是典型的
林性掠食鳥類，經常滑翔穿梭於濃密枝葉間
靠著尾羽的張合抑揚和水平扭轉以操控改變
向，並藉由靈活的伸展或內縮雙翅，以便在
雜的樹幹叢藪障礙中左避右閃暢行無阻。

鴛鴦等中小型鴨科鳥類的拍翅頻率約為每秒2～3次。

林雕的翼型寬廣修長，近1.8公尺的展翅長度，使牠能輕易的乘著氣流翱翔於天空。

大冠鷲的翼面寬廣，展翅長度超過1.5公尺，是常見的中大型猛禽；牠們經常在風和日麗的晴朗天氣，乘著熱氣流定翅翱翔於天際。

灰面鵟鷹如果已經處於相當的高度，並且捕捉到源源不絕的上升氣流時，通常鮮少拍翅，而改以省力的盤旋翱翔。

point 03

Chapter 4 天空之翼

一飛衝天

為了要能夠飛行，鳥類的身軀經過特殊的減重設計，加上輕盈羽毛的輔助，天生便是質輕易浮。大多數體型較小、體重較輕的鳥兒，起飛時僅靠著彎曲雙腿往上騰躍，再加上高舉雙翅用力拍擊所產生的上升浮力，便能於定點直接撲翅升空。

蒼鷺以屈曲雙腳蹲伏身體的姿勢，在向上縱跳的同時展開雙翅大力拍擊，以產生足夠的衝力，使龐大的軀體離開地面，同時藉著寬闊翼面所產生的充分浮力，儘管拍翅輕緩而優雅，卻足以令蒼鷺龐大的軀體，毫不費力地滯空飛翔。

蒼燕鷗從地面跳起隨即進入飛行狀態。

尖尾鴨的身手矯健，遇到突發的危險不需要助跑，就能夠一瞬間拍翅加速飛離威脅。

大白鷺雙腳跳脫水面，張翅拍擊，凌空飛翔。

翠鳥從位於土壁的巢穴裡以向後退的姿勢離開洞口，並且在轉身跳脫而出的一瞬間，立刻張開雙翅飛離巢洞。

point 04

勇闖天際

雙翼較小而體型較大的鳥類，例如雁鴨等，礙於體重無法原地起飛，需要有強大的助力才能順利升空。起飛前，牠們會以具有蹼的大腳在水面的隱形跑道上快速助跑，同時猛烈的拍動雙翅，藉此爆發性的動作，讓雙翼產生強大浮力，才能離地飛行。

海秋沙以全蹼足快步助跑的方式踩踏水面，同時拍擊著翅膀奮力衝刺，就在水花激濺瀰漫水面之際，鴨群已經接連脫離水面的牽絆，並在持續加速攀升高度之後飛上天際。

小天鵝等大型雁鴨科鳥類，因為體型龐大壯碩，無法在停棲的靜止狀態下瞬間離開水面飛翔，通常牠們需要藉著在水面或者陸地上快步奔跑一段夠長的距離，再加上奮力拍動厚實的雙翼，才能使身體緩緩爬升飛上青空。

豆雁從淺水灘地上，以充滿了力與美的姿態，助跑起飛離地升空。

point 05

Chapter 4 天空之翼

超完美俯衝

鳥類會根據所處的狀況調整翼形，並採用最適合的飛行方式。一隻覓食中的鷹會張開雙翅，翱翔於天空搜尋躲匿於濕地、農田或曠野的小型哺乳動物或鳥類，一旦發現獵物時，必須在最短時間內將其攫獲，牠們會收起雙翅，減少上升浮力，再配合空氣動力，如同子彈般向獵物俯衝。即將接近獵物時，為抵銷向前衝力以及雙翼拍擊的氣流干擾，猛禽會伸出羽翼前端抑制亂流，並將初級飛羽根根岔開，利用羽毛間裂隙供氣流通過，將亂流化為均勻向後的氣流，使得俯衝的動作順暢完美。採用俯衝方式捕獵的猛禽，通常具有能在高速中精準掌握攫捕時機與完美操控飛行的能力，如此才能在獵物尚未脫逃前成功出擊。

1. 燕隼以後掠收翅的姿勢俯衝追擊獵物。
2. 魚鷹從原本盤旋搜尋獵物的姿態，突然翻身朝向水面作勢俯衝。
3. 黑尾鷗在衆多同伴飢餓眼光的搜索環伺之下，緊急俯衝入水以便捷足先登。
4. 裡海燕鷗以弩箭般的俯衝姿勢，投射入水面捕捉魚類。
5. 紅隼發現草地上的獵物之後，隨即伸出利爪準備俯衝撲捉。

左頁連續圖：黑鳶在鰻魚養殖場的上空盤旋，搜尋漂浮的鰻魚屍骸當作食物，一發現隨即俯衝而下，並在快速接近水面時改以滑翔的姿勢，伸出腳爪攫取水面上的食物。

point 06

Chapter 4 天空之翼

空中定位術

　一些鳥類為了能在覓食區上空停留以便搜尋獵物，會採用定點懸飛的飛行方式，紅隼便是其中的佼佼者。在空中定點懸飛的紅隼，會藉著微調各部位羽翼的開合，以控制前行的速度能與風一致。牠們會逆著風展開雙翼並將尾羽忍開，藉以獲得足夠的上升浮力，而且為避免因翅膀產生的雜亂氣流導致失速的危險，牠們會豎起小翼羽，並將寬闊翅尾的羽毛分開，用以勻順氣流，才能如風箏般保持不動停留於空中。

point

07

1

Chapter 4 天空之翼

歡迎搭乘隱形電梯

御風飄浮通常發生在懸崖邊緣，受到強勁海風吹襲，水平流動的風向衝撞岩壁，會轉向變成垂直朝上的氣旋，這是一股源源不絕卻又飄忽不定、前後擺盪的氣流。棲息於岩壁間的鳥類，只要躍離地面張開翅膀，就像是乘上隱形電梯般獲得向上的動力。

如鰹鳥、鷗科與燕鷗科鳥類，都擅於駕馭這股氣流，牠們抬高雙翅、翹起尾羽，以減少翼面承接氣流的接觸面積，精確控制重力與浮力，使兩者相互抵消，所以便能絲毫不費力氣的飄浮於空中，只要緊緊捉住飄忽亂竄的上升氣流，就能如同乘坐搖籃般前後左右擺盪。

1. 玄燕鷗善用陡峭岩壁上豐沛的上升氣旋，藉著展開雙翅和尾羽，便能輕鬆的從事懸空飄浮的省力飛行模式。
2. 蒼燕鷗擅於駕馭氣流，藉由巧妙控制空氣流過翅膀與尾翼的方向，進行定點飄浮飛行。
3. 紅嘴鷗以定翅頂風的飄浮姿勢進行省力的飛行，同時低頭搜尋水中的魚蝦當作食物。

底圖：紅燕鷗在流動氣旋中飄浮飛行。

黑鳶平貼著水面滑翔，並探出利
爪準備掠取食物的瞬間。

point
08

Chapter 4 天空之翼

飛行生活家

相對於靈長類的雙手，鳥類的上肢已經演化成為雙翅，掌管更為重要的飛行能力，因此若要從事諸如拿取、築巢、理羽、抓癢等動作，無一不需要藉助嘴喙與腳爪來完成。

而鳥類飛行時，其身體各部位的動作協調能力，可以用出神入化來形容，除了能夠一邊飛行、一邊抓癢、排泄、低頭撕咬腳握的獵物進食，也可以準確的在數以千計的遷徙群體中起降、編隊翻滾，同時還確保彼此間狹小的距離不會相互碰撞。

鳥類飛翔在動盪不定的氣流之中，要維持平穩操控的飛行實屬不易，更何況還要同時以嘴喙或是腳爪攫取動作難以預料的獵物，但是鳥類卻輕輕鬆鬆做到了，堪稱是「飛行生活家」的典範。

黑尾鷗憑藉著敏捷的飛行技術，幾近於滯留的平貼在海面上，低頭以嘴喙掠取食物。

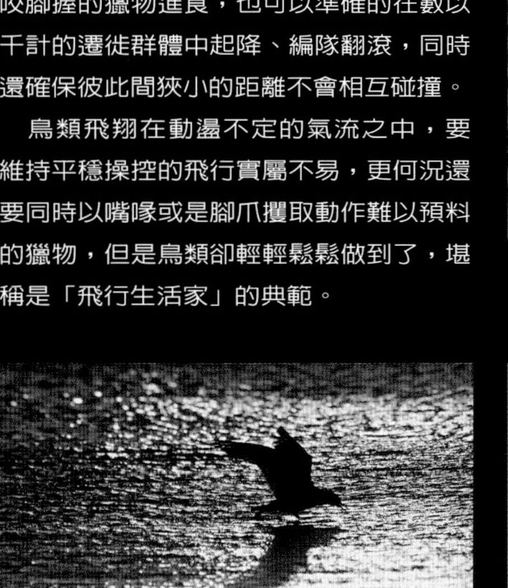

紅嘴鷗滑翔過水面，並以嘴喙撿取食物。

垂直俯衝而下的魚鷹，伸出利爪作勢撲抓獵物。

紅隼在空中搜尋獵物，並在瞬間垂直降落或以滑翔的姿勢貼地攫取獵物。

普通鵟以迅雷不及掩耳的攻擊態勢，攫捕正在低頭攝食的野鴿子。

point 09 神乎其技的羽翼

鳥類維持平衡的感官能力，在生物界當中可以說是相當優異；而翅膀除了提供牠們在飛行時所需的浮力之外，在降落時藉著改變拍擊氣流的角度，以增加空氣阻力來達到減速的目的。

除此之外，翅膀在鳥類的各種行為之中，也都扮演著輔助平衡能力的舉足輕重地位，舉凡覓食、交配、攻擊、助跑、在強風中站穩等舉動，無一不需要藉助翅膀的張合與拍動來維持平衡。

小雲雀以善鳴著稱，是草原上賣力演唱的嘹亮歌手，濕滑不穩的雨天裡加上風吹搖撼莖葉，使得小雲雀必須努力站穩腳步，並不時張合翅膀，用盡各種姿勢，才能勉強維持身體的平衡。

五色鳥進入巢洞時，藉著完全開展的雙翅煞住向前衝的慣力，並準確的攀住洞口，以避免撞上樹幹。

point 10

Chapter 4 天空之翼

多功能降落器

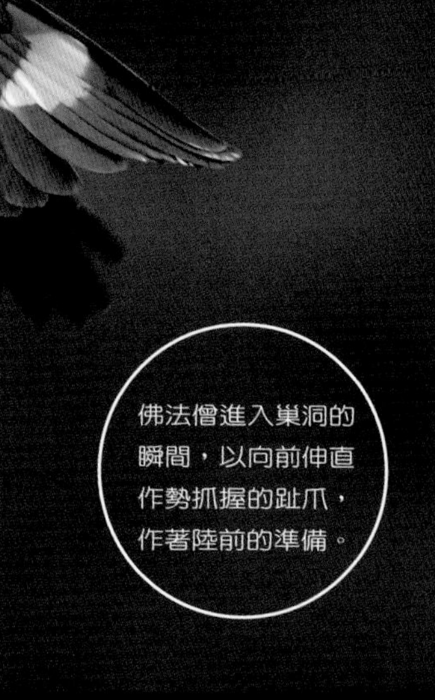

佛法僧進入巢洞的瞬間，以向前伸直作勢抓握的趾爪，作著陸前的準備。

飛行時因慣性所產生的向前衝力，能幫助鳥類順暢前行，但當鳥兒需要降落時，此股衝力卻成為最大的阻礙，若不小心將其消除，高速落下的鳥兒可能摔得人仰馬翻，十分危險。

啄木鳥、五色鳥等樹棲性鳥類，必須精準的降落在面積較小的樹枝上，降落難度更高。牠們必須在抵達樹木前，利用搧拍雙翼與展開尾羽來減速，等往前的衝力慢慢消失時，再降至欲停棲的枝幹，並利用雙腳緊緊攀住樹身，抵銷剩餘的衝力，才能安全又準確的降落。鷺與鸛等大型鳥類，準備降落時，會先將一雙原來置於身體後方的長腳放下，藉由雙腳約九十度的調整，改變身體重心，緩和前進的動力，再配合翅膀運作，慢慢減速著陸。腳上具有蹼的水鳥，降落前會伸出大大的腳掌作為減速器，利用雙腳產生的阻力，減慢速度再安全著陸。

中杓鷸群輕緩的降落在沙灘上。

唐白鷺在降落的瞬間，藉完全展開的雙翅與撐開如扇型的尾羽來增加空氣阻力，以便煞住持續前衝的動能，並彎曲膝蓋以吸收著陸瞬間所造成的衝擊。

豆雁等大型鳥類準備降落時，會先將長腳放下，改變身體重心，緩和前進的動力，再配合翅膀運作，慢慢減速著陸。

上圖：小天鵝以抬高伸展的雙翅，和向前伸直板起的腳掌作為下降時落水的姿勢，正因為牠的體型較為壯碩，因此無法瞬間抵消行進間的物理慣性。小天鵝藉由雙腳劃過水面時，宛若划水板功用的全蹼足承托自身的體重，並在滑過水面時，藉由摩擦力抵消向前衝的飛行動能，同時伸展抬起的雙翅維持平衡穩定，就在能量逐漸減少消逝之際，小天鵝的胸腹部位也開始接觸並汩入水中，就在收起雙翅之時，降落過程同時完成。

左圖：蒼燕鷗以水平伸展的雙翼和撐開如扇狀的尾羽，迎著徐徐吹送的海風中翩然滑降。

point 11

Chapter 4 天空之翼

飛行冠軍

能夠高速飛行的鳥類多半與其覓食習性有關，習於空中獵食者，為求以快狠準之姿攫捕獵物，快速飛行成為其最大的優勢。以速度快而聞名的遊隼，常於高空搜尋獵物，一發現時會先快速拍動翅膀，增加其追擊速度，接著收回雙翼，以迅雷不及掩耳之速，由空中俯衝捕殺，猶如噴射戰機般的俯衝方式，據估計至少速度可達每小時180公里，全力衝刺時甚至可超過300公里，為空中飛得最快的動物。

翱翔空中以飛蟲為食的雨燕，亦是快速疾飛界的能者。牠們的初級飛羽特別發達，在翼面佔有很大的面積，雙翼因此顯得又尖又長，操控性能特佳，而能完美的適應空中生活，牠們能以極高的速度飛行與迴旋，於空中準確獵食。

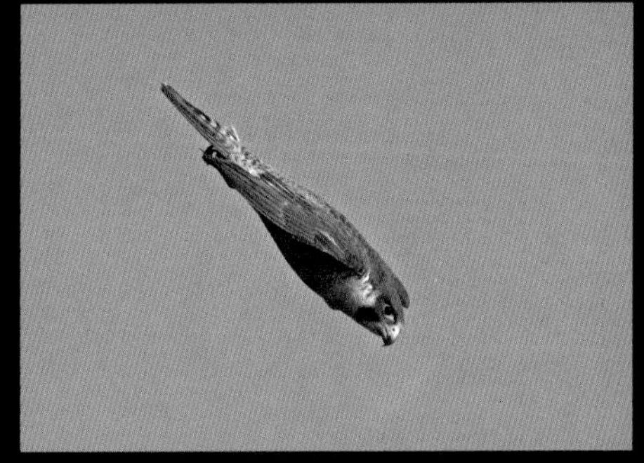

遊隼以擅於高速撲殺飛鳥而聞名，在養鴿人士的眼中是無人不知的狠角色，並以「粉鳥鷹」的名稱口耳相傳。牠們棲息在高大的電塔頂層，俯視著過往的鴿群與度冬水鳥，發現適合下手的對象就立刻極速垂降，憑藉著超凡的飛行能力，鮮少獵物能夠順利脫逃。廣大的鹽田濕地頓時變成遊隼的殺戮戰場，經常在地面上發現遭到捕殺的眾多賽鴿屍骸，連體型壯碩的蒼鷺也難逃毒手，成為高速撞擊而折翼墜地的受害者。遊隼捕殺獵物之後，除了在地面惶惶不安的撕咬吞嚥之外，也經常奮力拍翅將體重與自己相當的鴿屍，竭盡氣力拖上高壓電塔的第二、三層，如此一來就能夠高枕無憂安心進食，而不用受到地面流竄的野狗族群頻頻騷擾。

point 12

大鳥慢飛

部分體型較大的鳥類，由於受到體重或翼形之限制，而無法做長時間拍翅的費力飛行，需要飛行時，牠們會張開寬大的翅膀，利用上升熱氣流或頂風支撐著身體，慢慢上升或前行，此種依附氣流移動以節省體力的飛行方式，自然無法兼顧速度上的要求。

例如信天翁的體型龐大且翅膀狹長，飛行時幾乎不用拍翅，姿勢從容而優雅。但當牠們需要起飛時，卻需要長長的跑道，並卯足了勁快速助跑，藉頂風才能使笨重的身軀勉強離地。大型猛禽為了於起飛時順利升空，通常會在停棲的懸崖邊或山谷上緣，一躍而出順勢展開雙翼，乘著上升氣流冉冉升空。

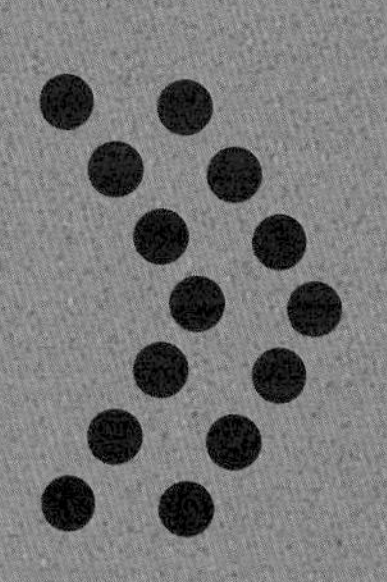

東方白鸛的翅型既寬且廣，翼展長度可達2公尺；拍翅緩慢，擅長捕捉源源不絕的熱氣流，從事省力的滯空翱翔。

上連續圖：信天翁的雙翼狹長，將近身體長度的三倍，並以展開超過3公尺的翅膀，位居於鳥類世界的冠軍，完美的修長翅型構造，使牠們在通過氣流時可以獲得最大的浮力，因此信天翁就算在強大海風的持續吹襲之下，也能夠在甚少拍翅和輕緩優雅的飛行姿勢中，長時間飄浮滑翔於海面，並擁有駕馭氣流之優異飛行能力。因為雙翅狹長，信天翁必須靠著頂風助跑，才能產生足夠的浮力以順利起飛。

2

左圖1：蒼鷺飛行速度緩慢而優雅，經常大幅度輕緩拍翅，平貼著水面飛行。
左圖2：大白鷺等大型鷺科鳥類的翅型寬廣，振翅的頻率明顯較小型鳥類少。

水底也能飛

最上圖：黑頸鸊鷉也是潛水高手。 1.冠鸊鷉是海洋性的游泳高手。
2.小鸊鷉生活於湖泊、池塘、魚塭之中。 3.稀有的海秋沙度冬族群，也擅於潛水捕食。

有些鳥類擅長潛水與游泳，在水中的表現遠優於在空中飛行。許多會潛水的鳥類，特別是潛鳥與鸊鷉，牠們的腳位於身體的後端，腳上具有蹼膜，因此能於水中快速推進移動。此外，當雙翼貼近身體時，牠們的身體呈現完美的流線型，能減少水的阻力，這些讓牠們成為水中蛟龍的潛水利器，卻使牠們在陸地上行走時行動笨拙且舉步維艱。

居住於湍急河溪旁的河烏是燕雀目中唯一會潛水覓食的鳥類，牠們以水中的昆蟲與無脊椎動物為食，流線的體型與厚厚的羽毛，有助於在水中保持體溫並避免弄濕，而且牠們的尾巴基部有特化的尾脂腺，使其羽毛的防水功能更佳。擅於潛水捕魚的鸕鶿，牠們的尾脂腺不發達，潛入水中時羽毛會因吸水而濕透，羽毛浮力降低，在水中的移動更顯敏捷。但離開水中後，一身濕透的羽毛相當容易受寒失溫，牠們會趕緊在日光下攤開雙翅，將身體晾乾。泳技出色的海雀，游泳時並非用腳推進，而是以短而強壯的雙翼作出鼓翅動作，推動身體前進。

海雀是海洋性的鳥類，擅於潛水覓食，最近十幾年來只在台南發現到一隻迷途的個體。

澤鳧又稱為鳳頭潛鴨，棲息於淡水池塘或湖泊等水域，墾丁龍鑾潭有穩定的度冬族群。

紅冠水雞為了攝食水底植物的柔嫩根莖，不惜改變習性，奮勇衝刺進入水中，期以短暫的潛水滯留時間，撈獲享用豐盛的一餐。

point 14

Chapter 4 天空之翼

長途旅行

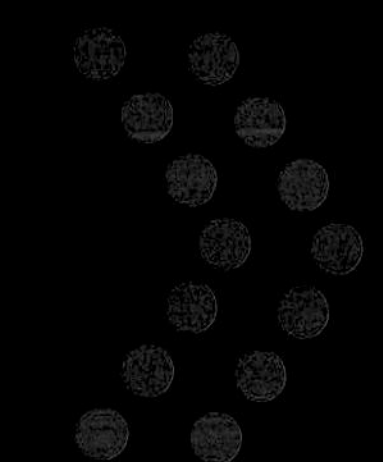

長途遷徙是鳥類飛行能力的最大挑戰，工欲善其事必先利其器，在遷徙之前，很多候鳥會先換羽，利用狀況最佳的新羽來應付長途飛行的挑戰。而且為了保有較持久的續航力，候鳥會在行前拼命進食，累積大量脂肪以提供飛行時的能量，因此牠們遷徙前的體重會迅速增加，甚至可達夏季時的兩倍。

除了做好行前準備外，候鳥於遷徙時亦有節省體力的聰明作法，牠們會採用V字形的編隊方式飛行。因為鳥類拍翅下壓時，會有部分高壓氣流由翼尖溢出，形成微弱的上升氣流，短暫滯留在其翅膀尾端，候鳥相當懂得利用此股同伴產生的氣流來減少不停鼓翼所耗費的能量。遷徙時，牠們會飛在前一位同伴的翼尖後方，在此處鳥兒不僅能藉著上升氣流來省力，同時亦保有較不受阻擋的遼闊視野。但由於飛行在領隊位置的鳥無法獲得上升氣流的輔助，為避免牠過度耗費體力，鳥群會輪流飛行於最前端的位置。

每年秋天的9～10月份之間，數以萬計的鷺鷥從墾丁集體出海向南遷徙，以躲避北方逐日降臨的嚴寒冬季。牠們通常在傍晚開始集結，再趁著夜色連忙趕路，以避開眾多日行性掠食動物的威脅。當夕陽西下天色剛要轉暗，以黃頭鷺為主軸的鷺鷥群體，便從恆春半島的各處草澤濕地盤旋升空，並合併聚集成龐大的遷徙族群之後，飛行通過南灣水域的上空。部份群體則選擇偏向貓鼻頭的方位南遷，與自更北方就展開旅程，並通過台灣西南海域的遷徙族群相會合。

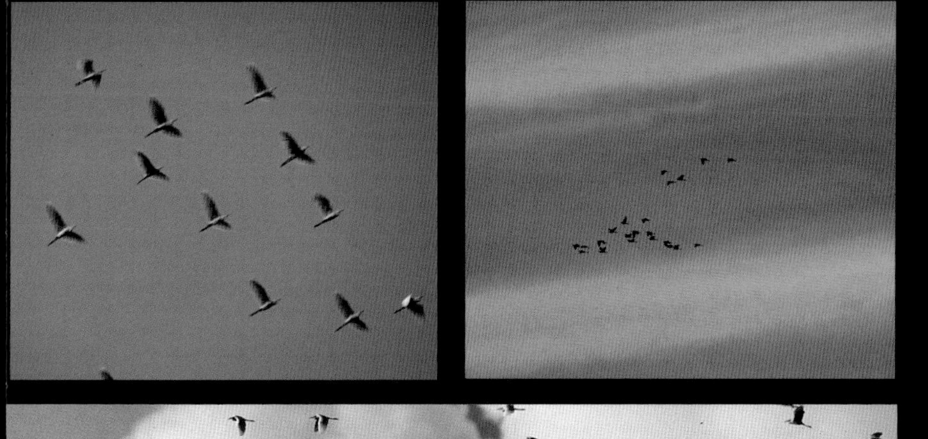

1. 灰面鵟鷹為日行性遷徙猛禽，在晴朗的白天遷徙，當夕暮西下天色漸暗，便紛紛降落到避風的山谷夜棲休息。

2. 遷徙途中過境台灣的濱鷸群。

3. 蒼鷺等遷徙中的鳥類常以倒V字形作為飛行的編隊，藉由帶頭領隊劃開空氣阻力，使緊挨在隊伍後方的同伴得到較省力的飛翔。

1

2

3

Chapter ⑤ Movement 羽翼之外

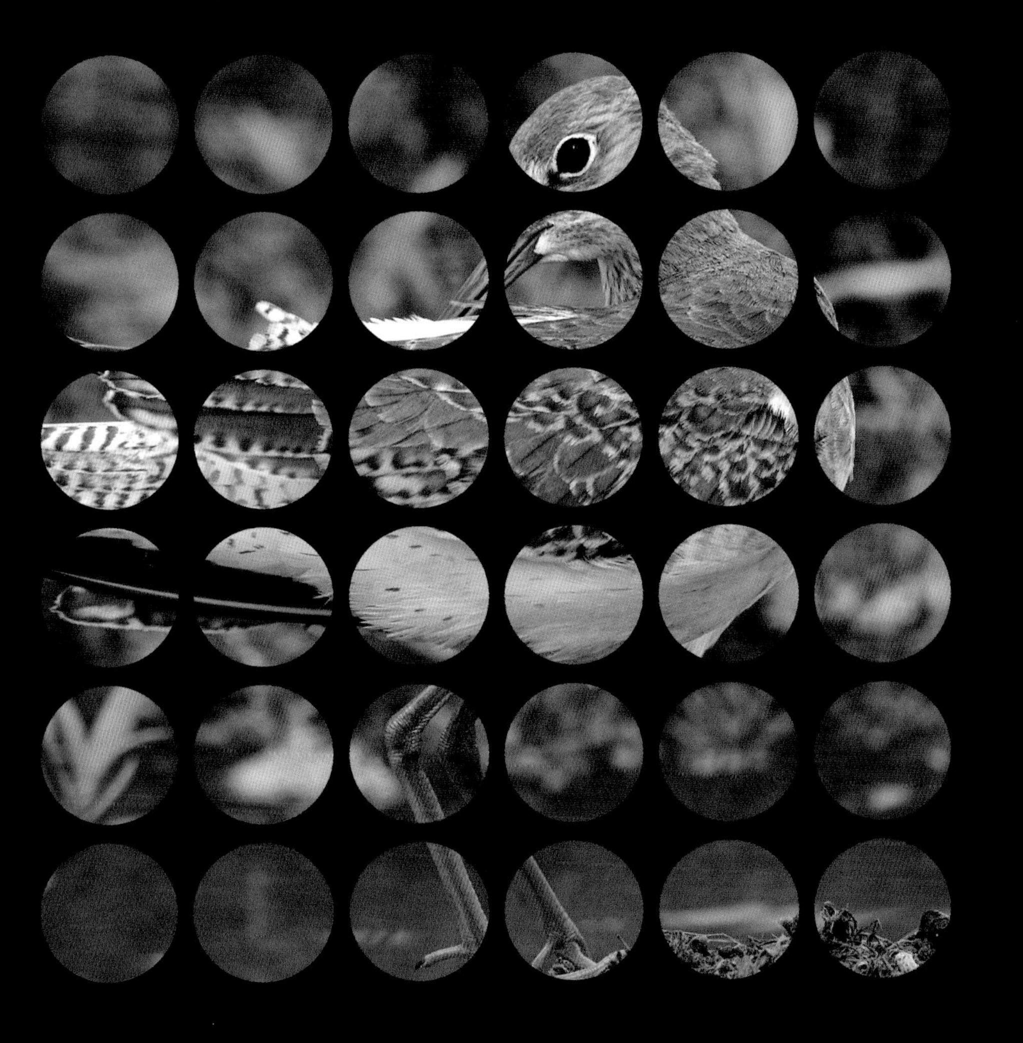

河烏抓地力良好的趾爪，讓牠在激流岩壁間暢行無阻。

point 01

Chapter 5 羽翼之外

雙腳萬能

鳥類依據不同的環境特質與食物特性，發展出各種型態的腳，或長、或短、或三趾、或四趾、或有尖爪，或有蹼膜等等，不僅樣貌不同，也各自具有其演化上的特殊功能。

習慣步行的鳥類，如雉雞、竹雞等，靠著雙腳步行與抓扒搜尋食物；習於水中覓食的雁鴨與鸕鷀等，則依賴蹼足划水推進；猛禽的尖利腳爪，則用以捕捉獵物，也在進食時緊握食物，便於以嘴喙撕裂。生活於菱角田的水雉，有一雙適合行走葉面上的大腳；擅長爬樹的啄木鳥與茶腹鳾，則有著健壯的趾爪，可以牢牢的攀住樹幹。

此外，鳥類的腳部覆有鱗片，同一種鳥的排列方式都相同，相近的科或屬也會有相似的排列，因此成為鳥類分類上的重要特徵之一。

竹雞使用矯健的雙腳在地上行走。

小天鵝的全蹼足既是划水游泳的工具，也是幫助笨重軀體起飛的助跑利器。

黑冠麻鷺在危險逼近時拔腿開跑。

Chapter 5 羽翼之外

能飛也能跑

能夠步行的鳥類，在地面活動時，能像人類般以雙腳交互伸出步行或奔跑。通常中大型鳥類如雉鳥、竹雞等，礙於體重所限，多選擇以步行方式來活動覓食。而小型的鳥類則多數為樹棲性，所以不善步行，只能在地面跳躍前進，但雲雀與鶺鴒習於在地面繁殖與覓食，所以有雙適合步行的腳，而且為了讓身體重心更穩，牠們的後趾趾爪通常較長，能在地面快速奔跑。

小雲雀具有特化的長後趾，使牠們特別適合行走於短草地。

白鶺鴒略呈水平的軀體，和經常擺動以保持平衡的長尾巴，再配上敏捷的雙腳，於是造就牠矯健靈活的快步競走能力。

灰胸秧雞稍長的腳趾，特別適合在泥灘濕地上行走。

棕三趾鶉的腳僅有三根前趾，因此獨立自成一科，由於缺乏後趾，所以牠們的重心偏向身體的前方，藉以保持平衡。

白腹秧雞發達的長腳趾爪，使牠能夠輕易改變身體重心，不管是爬坡涉水或是快步緩行，都難不倒牠。

竹雞等雉科鳥類，憑藉著粗壯的雙腳趾爪，除了有利於抓扒地表用以覓食之外，更賦予牠們行走於山林陡坡的優異能力。

point 03

Chapter 5 羽翼之外

超強划水裝備

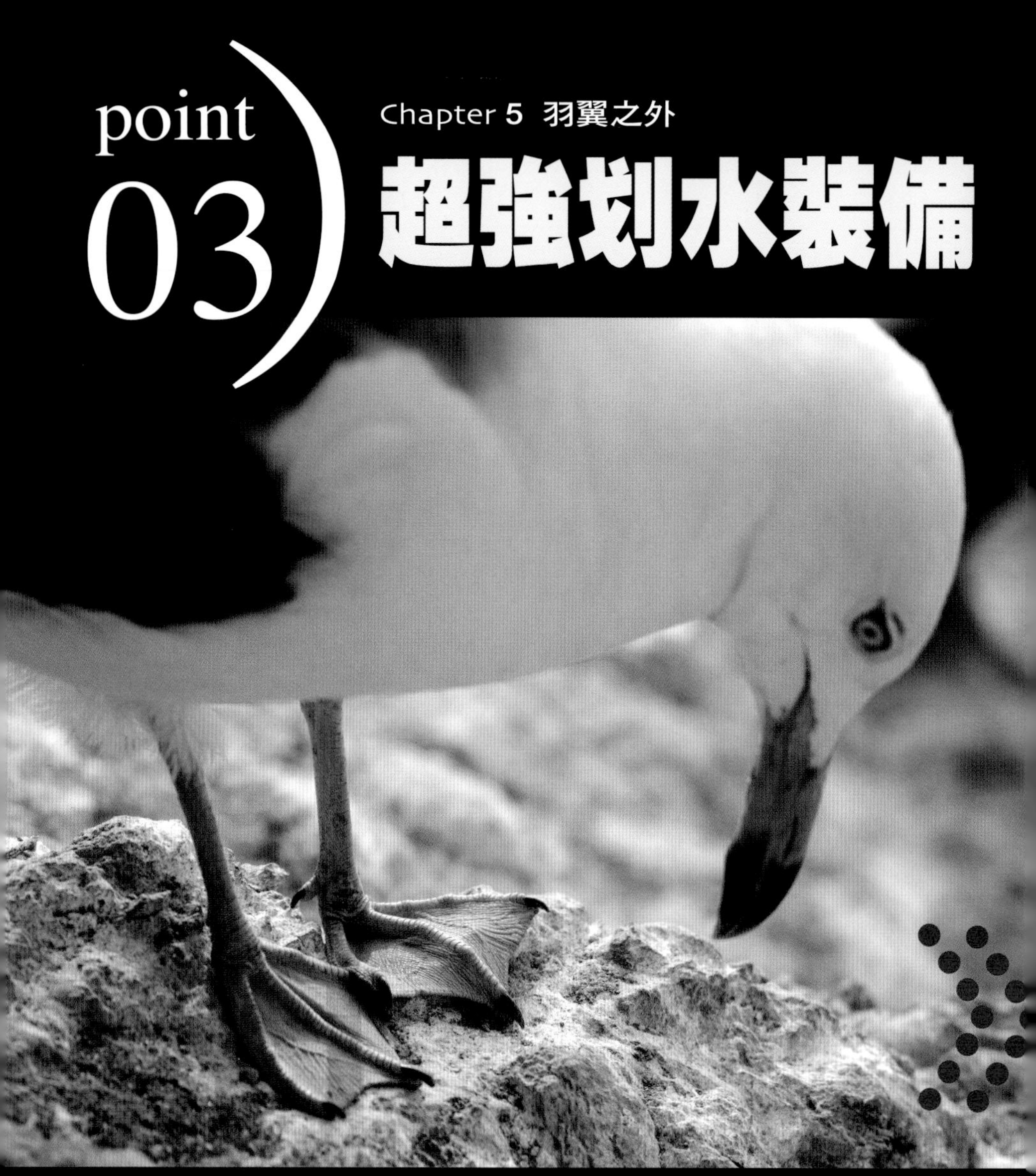

擅於游泳與潛水的鳥類，其腳部最大的特徵便是蹼足。腳部的蹼膜猶如一片扁平有力的槳，能更有效率的划水推進。不同的鳥種，其蹼膜的特徵與功能也不盡相同，約可分為全蹼足、半蹼足與瓣蹼足三類。全蹼足的鳥類如雁鴨、鸕鷀，其腳部四趾由整片蹼膜相連。具有瓣蹼的鳥類如白冠雞、鸊鷉等，白冠雞的腳趾互不相連，每一趾蹼按其關節分為三節，每一節瓣蹼成橢圓形；小鸊鷉的瓣蹼則呈前端較寬的琵琶型。

水鳥的蹼足除了幫助擊水前進外，當鳥兒於泥灘覓食時，較寬大的腳可以分散體重，避免深陷泥中。而且當水鳥起飛時，需靠著蹼足在水面馳走以增加上升浮力；降落時，大蹼足則是良好的減速器。

在水上以蹼足划水游泳的鴻雁家族。

小天鵝開闊的全足蹼，除了讓牠們具備優異的划水能力之外，也分擔了龐大的軀體重量，使其不致陷落在溼軟泥地之中。

鴛鴦屬不會潛水的潛鴨種類，但為了吃水生植物，牠們還是會極力深潛。

小鸊鷉的趾間具備瓣蹼，使牠擁有潛水和游泳的良好推進能力。

point 04

Chapter 5 羽翼之外

高效率涉水鞋

許多覓食於池塘或沼澤的涉禽，如鷺鳥、高蹺鴴、大杓鷸等，通常配備有高挑的雙腳與長長的頸子，鶴立雞群的身高，使其不僅能在較深的水域涉水捕食，當置身於蘆葦等水草叢中時，亦可藉著身高的優勢警戒掠食者，以增加安全。牠們的腳趾也相當長，而且部分鳥兒在腳基部長有半蹼膜，可避免腳部陷於軟泥中，增加覓食的便利性。

黑面琵鷺天生一對長腳，最主要的目的在於涉足深水環境，以減少在淺水區域覓食過多的競爭壓力，同時得到更多的覓食空間與機會。為了避免身陷軟泥無法脫身的窘境，又要兼顧靈活攀爬於陡峭岩壁中築巢繁殖的輕巧，黑面琵鷺於是進化出半蹼足作為折衷因應對策。

1. 蒼鷺涉足於浮葉植物交錯的莖葉之間，有助於提供額外的浮力，幫助牠在平時無法企及的深水區域中覓食。
2. 小白鷺較長的腳趾，有助於分攤身體的重量，避免身陷軟泥。
3. 尖尾鷸稍短的雙腳不小心陷入鬆軟泥地之中，連忙拍翅藉以助力脫困。
4. 磯鷸以半蹼足涉足於濕滑溪流之中，尚且游刃有餘。

Chapter 5 羽翼之外

凌波微步葉行者

輕功一流的水雉，是鳥類中赫赫有名的葉行者。牠們的腳趾與趾爪特長，尤其是後趾不僅長且直，是其他鳥類沒有的特徵，可以將身體重量均勻分散在葉面上，即使走在容易下沉的菱角或睡蓮等葉面上亦能通行無礙。而棲息於水澤，具有長長腳趾的紅冠水雞，亦是葉行秘技的箇中好手。

1. 水雉在繁殖季節過後，換上隱匿效果十足的樸素冬羽（非繁殖羽），此時因為沒有在浮葉植物上產卵育雛的需求，水雉對於棲息環境相對上就比較不挑剔，不論是挺水或是沈水植物，只要是隱密安全而且食物豐富的環境，都可以欣然接受。
2. 小秧雞也有一雙與身體不成比例的大腳趾。
3. 紅冠水雞快步走過睡蓮的浮葉上面，以避免因為停留太久而下沈深陷水中。

左圖：水雉為適應多浮葉性水生植物的棲息環境，因此演化山獨特的長腳趾，以便在葉面上行走時，能有效分攤身體的重量，不至於深陷水中，以保有靈活的行動力。然而水雉也並非全然得在葉面上，才具有完全的行走能力，牠也能夠漂浮在水面上，只是無法像鴨子以蹼足划水一般省力優雅，只能屈曲長腳如同蹲著走路一般，以細長趾爪撥動水底交錯的根莖障礙，才能使浮在水面的身軀得以向前行進。

Chapter 5 羽翼之外

point 06 爬樹專家

擅於爬樹的鳥類首推啄木鳥與茶腹鳾。啄木鳥具有強健的趾爪，且為2、3趾向前，1、4趾向後的對趾設計，可以牢牢抓住樹皮或樹枝，並能在樹幹的垂直面攀行，以找尋樹幹或樹皮中的昆蟲。爬樹時，後方二趾的外趾能轉成橫向，使爬樹時身體的穩定性大為增加。牠們的尾羽也特別強勁有力，能作為爬樹時的身體支撐，因此啄木鳥可說是最適合樹上生活的鳥類。茶腹鳾亦是爬樹高手，能在樹幹上下左右輕鬆行走，在樹上行動時最大的特色是採頭下尾上的姿勢往下行走。

1.大赤啄木雄鳥攀附於鐵杉樹幹上，正準備進入巢洞。

2.綠鳩扭轉有力的腳趾，以輪替抓握的方式，沿著樹枝生長方向循序前進，優異的樹枝攀爬技巧，使牠們在樹上覓食搜尋成熟果實的效率一流，而且藏身在枝葉間輕緩潛行，較諸於跳躍或是飛翔方式，更不容易遭到掠食動物發現。

3.廣泛分布於歐亞大陸、西伯利亞和日本的旋木雀，擅長攀爬於垂直的樹幹之上。

普通鳾（茶腹鳾）的腳爪彎曲，腳趾強健而有力，經常以頭下尾上的姿勢攀附在樹幹表面，藉著趾爪橫向深入樹皮縫隙之間緊緊抓握，就能夠輕鬆且靈活的進行上下左右方向的移動。

point
07

Chapter 5 羽翼之外

攀壁也能睡

雨燕長而尖的翅膀以及身體構造，都非常適合飛行，牠們除了短暫的休息時間外，幾乎全在空中生活，甚至在空中飛行時，也能進行持續幾秒鐘的睡眠。因此其雙腳逐漸變短退化，翼長腳短的身形，使其無法由地面起飛。而且四根腳趾均朝前，此種全部為前趾的趾型，不僅無法站立，也不能停棲於電線或樹枝。不飛行時，僅能以鉤狀的趾爪攀附於土壁上，以垂直姿勢休息或睡眠。

小雨燕

point 08

Chapter 5 羽翼之外

是工具也是武器

棲息於森林底層的雉雞、竹雞等鳥類，習以步行方式啄食地面種子或昆蟲。牠們稍長的腳趾均分叉且平貼於地，因而能夠穩穩行走，而且其腳部強健有力，覓食時常利用趾爪快速扒開地面的葉子或泥土，以取得藏匿其中的食物。此外，雉科鳥類的雄鳥於接近腳掌的跗蹠後方，長有1至3個距，是與同類間爭奪領域的有效攻擊武器。

竹雞在腳脛（跗蹠）後方的「距」是如尖刺般的硬質構造。

深山竹雞在充滿落葉的林道環境上，以雙腳扒土攝食藏匿其間的蚯蚓、甲蟲幼蟲、植物塊莖或種子等食物。牠以挺直身軀的姿勢，使用雙腳趾爪接替在地面上抓扒以使食物現身，接著再後退兩步並低頭以嘴喙挑撿食物吞嚥，當露出地表的食物盡皆撿食乾淨之後，深山竹雞隨即再趨前幾步以同樣的動作進行翻扒過程，並不時改變腳爪的扒土方向，以期將藏匿其間的食物，鉅細靡遺的攝食殆盡。

point 09

鵰鴞、鷹隼等肉食性猛禽，腳爪為其攫殺與攜帶小型動物的利器。牠們的腳上有四根長長的趾爪，全都是彎曲且鋒利，加上三趾向前，第四趾向後的設計，使其能牢牢的抓住獵物。尤其獵食大型鳥獸的猛禽，其內趾與後趾利爪特別強大，而且既長且彎，當猛禽抓住動物時，四爪會深深刺入動物體內，使獵物完全無法掙扎脫身。

空中終極武器

紅隼以敏銳的視力和無比的耐心，懸停滯空搜尋，在發現獵物之後迅速俯衝而下，順利獵捕到草地上的蜥蜴。

澤鵟雌鳥以頂風趨近懸停的飛行姿勢，在蘆葦草澤濕地上空搜尋食物，還懸垂著一雙利爪，隨時準備妥當，以便即刻撲殺獵物。

澤鵟雄鳥在墾丁籠仔埔草原上空搜尋獵物，當牠發現躲藏在草叢下方蠢蠢欲動的老鼠，隨即伸長雙腳飛撲而下。

赤腹鷹憑藉著銳利的趾爪和優異的飛行技術，輕易捕抓到飛行中的蜻蜓。

point

10

Chapter 5

羽翼之外

特製
捕魚利器

以魚類為主食的魚鷹，擅於以腳爪捕魚。牠們會先在水面上空盤旋，發現食物時再突然急降而下，伸出利爪將水面游魚攫獲。魚鷹最特別的地方是具有可以自由反轉的外趾，能在捕食時調整為兩趾朝前、兩趾朝後的對趾，以方便鉤住獵物。其腳趾下側長有棘狀的鱗片突起，能增加摩擦力，防止已到手的魚因掙扎而滑脫。抓住魚後為減少風阻，魚鷹會將獵物調整為頭前尾後的姿勢以爪夾帶，再攜至安全之處食用。黑鳶亦喜食魚類，但其捕魚技巧不像魚鷹般高超，主要以浮上水面的病弱魚、鰻等為食，捕食時會先低飛於水面，再以雙爪同步出擊，抓起水中獵物。

黑鳶喜歡以屍骸腐肉為食，而人類養鰻場所提供免費的豐盛大餐，當然是黑鳶族群不能錯過的饗宴。每天鰻魚池都會有暴斃的魚屍漂浮在水面上，因此黑鳶便不定時前來盤旋搜索，一旦發現水面隨波逐流的鰻魚黏滑軀體，黑鳶即刻俯衝而下同時伸出腳爪，緊緊抓握住濕滑的鰻魚，再帶到附近的大樹上食用。

魚鷹擅於捕捉活魚作為食物，牠們以粗糙具有鱗棘的腳趾和彎曲的利爪，來抓握並且刺穿獵物軀體，以防止黏滑的魚類掙扎脫逃；魚鷹更具有能夠翻轉扭曲的腳趾，藉以大幅度調整獵物的抓握方向。為了避免懸垂在腳底的魚類橫向軀體造成的風阻增加，魚鷹會在帶魚離開水面之後，扭轉腳趾使魚頭朝向前方，藉著魚體的流線形來減少阻力。

point 11

Chapter 5 羽翼之外

專業捕蛇配備

部份鳥類的身體局部經過特殊演化，憑著尖銳嘴喙與鋒利趾爪兩項優異配備，即使獵捕具有毒牙的蛇類時亦毫無懼色。通常牠們的腳部具有堅固的角質鱗片保護，而且流經此處的血管不多，也因為牠們對蛇毒的抵抗能力相較於其他生物稍高，即使不小心遭到蛇吻，只要劑量不多亦無大礙。

大冠鷲是生活在台灣的著名蛇類殺手，以無毒蛇類為主要食物，經過特化的身體構造，使牠們能夠攀爬走行於枝葉間，以尋找獵捕樹棲性的蛇類。大冠鷲也經常停棲於空曠開墾地的據高點如枯樹、電桿等，監視地表爬蟲類的活動情況，待發現蛇類便滑降而下，在地面行走追擊並以利爪捕捉獵物。

大冠鷲將捕獲的蛇類帶到樹上準備慢慢享用，但是為了避免遭到同類搶食，大部份猛禽習慣以下垂的雙翅，覆蓋在身體的兩側以保護獵物。

大冠鷲通常憑藉著銳利的視力在空中盤旋搜尋獵物，或是停棲在高處監視著地面的動靜，當牠發現於地面爬行的蛇類時，會迅速俯衝而下，同時伸出利爪飛撲掠取，但是倘若蛇類發現及時逃脫，大冠鷲也會在地面上快步追擊，不會輕言放棄。當大冠鷲以雙腳捕獲蛇類時，會先以捉握力道強勁的趾爪，緊緊握住蛇類軀體防止其脫逃，並以捉握住蛇的單腳向前伸直，使其遠離自己，並略微抬高翅膀，雙眼緊盯著獵物，以防止掙扎的蛇類反身噬咬，接著捉握住蛇類頭部使其攻擊力喪失之後，大冠鷲以下垂雙翅覆蓋住獵物的保護姿勢，防止食物被搶奪，同時抬頭張望發聲長鳴，以宣告獵物的主權。大冠鷲通常會將食物帶到附近的樹上享用，以免待在地面上夜長夢多，徒增無謂的困擾。

左圖：大冠鷲的身體構造經過特化，腳部具有密實的鱗片保護，以避免蛇類掙扎噬咬，所以特別適合獵捕蛇類。

point 12 野鳥專用腳環

研究人員藉蘭嶼角鴞身上的腳環，已經累積了數十年的數據資料，有助於解開珍稀物種不為人知的生活史。

候鳥的遷徙路徑與範圍，既長且廣，直接追蹤不易，為解開候鳥遷徙的奧秘，國際間針對候鳥的遷徙狀態，制定了一套足旗系統，透過各國的繫放作業團隊，在鳥類的跗蹠部位裝置足旗或腳環，如此研究者便可透過不同顏色的足旗，了解候鳥的遷徙路線，包括其渡冬、過境、繁殖等地點，並可進一步推算出牠們的飛行速度與遷徙時間、路線等詳細資料。

隨著鳥類繫放研究的日趨積極，最近幾年台灣各地的賞鳥者常在野外發現裝有足旗的鳥兒，其中以春、秋兩季鳥類過境高峰期發現的頻率最高，此觀察資料會透過鳥會的協助傳送給國際繫放研究單位，成為鳥類研究的重要憑據。

三趾濱鷸的右腳足脛橘紅色、跗蹠黃色金屬環，左腳跗蹠白色金屬環，透露出是自南澳洲所繫放上標的。

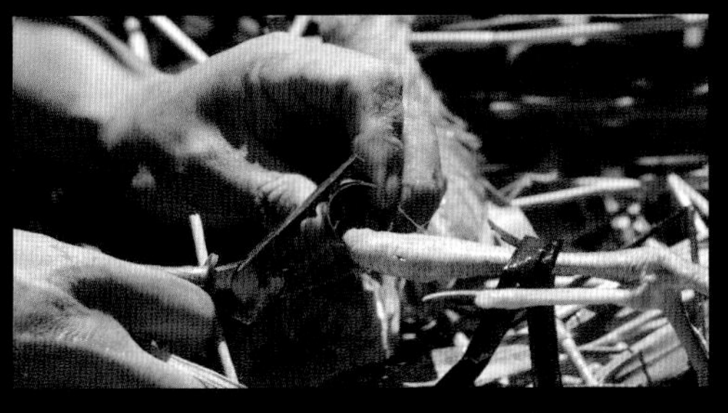

中國扎龍保護區的研究人員在做完基礎量測之後，正在幫紫鷺幼鳥上金屬腳環。

在春、秋兩季遷徙性鳥類大量過境的高峰期，經常在海邊潮間帶和河口濕地等發現大群水鳥群聚，常有些佩帶不尋常人工配飾的鳥類混雜其間，通常這些鳥類會在足脛或跗蹠部位，裝置不同材質與顏色的足旗或腳環，甚至在翅膀上配置翼標等，供研究人員或是鳥類繫放組織作為研究追蹤的重要依據。

point

13

Chapter 5 羽翼之外

喜愛步行的鳥

鳥類的運動方式受到覓食習性與食物特性的影響甚大，以地面上的穀物、草籽及昆蟲等為主食的雉雞、竹雞、鶴鶉等鳥類，大部份的時間用於森林或草原底層步行啄食，加上體型較大，飛行相當耗費能量，除非遇到迫切危急的情況，這些鳥兒不會輕易飛行。也因此這些鳥類的翅膀逐漸演化為短而渾圓，具有能瞬間鼓翅起飛的爆發力，遇見危險時能迅速飛離現場，但滑行能力不佳，無法做長時間飛行。

藍腹鷴雄鳥的羽飾、體態雍容華貴，身型碩大笨重，不適合飛行，僅能進行爆發性的短距離衝刺，因此牠們寧願選擇在地面上行走，也不輕易飛行。

1. 帝雉雌鳥身材渾圓、翅型寬短，除非突發性的竄飛來躲避敵害之外，都以步行為主要的活動方式。

2. 深山竹雞個性低調隱密，常藏身於林間底層和低矮叢藪之間，或漫步於落葉堆中覓食。

3. 竹雞常在旱田果園和低海拔山林小徑中活動

4. 小鵪鶉性隱密羞怯，常行走於旱田農徑邊緣的草叢間覓食，遇到危險則迅速逃竄至草叢中躲藏。

5. 灰胸秧雞等秧雞科鳥類，通常不喜歡飛行，除非突發迫切性的危險，否則都以步行作為主要行動方式。

point 14

Chapter 5 羽翼之外

不良於行的鳥

於空中或水域覓食的鳥類，由於生活環境與獵物特性的影響，逐漸發展出特化的雙腳與羽翼，也因此降低或喪失步行的能力，其中有些鳥兒如鸊鷉與雨燕，甚至不再回到地面活動。

許多樹棲性的小型山鳥，腳趾自然呈握拳狀，能緊緊地攀住樹枝，但不得已降落地面時，完全無法步行，僅能以腳趾跳動前進。最適合水中生活的鸊鷉，雙腳生長於身體後方而且特化為瓣足蹼，可增加潛水時的推進力，但用於步行時卻搖搖晃晃、舉步維艱。而具有完美翼形、飛行能力高超的燕子與雨燕，一天中多數的時間皆於空中滑翔捕食飛蟲，因此雙腳逐漸退化，不良於行。尤其是雨燕，其四趾全為前趾，已無法降落地面，不飛行時只能以趾爪鉤住土壁稍事休息。

叉尾雨燕等雨燕科鳥類，已經極度適應空中飛行生活，其停棲的方式是以特化的前趾攀勾於岩壁，無法下至地面行走活動。

左頁圖：黑頸鸊鷉等鸊鷉科的鳥類雙腳位於下腹部後方，擅長划水游泳，身手矯捷宛若水上游龍，一旦上到陸岸，就只能以搖晃不穩的步履輕步緩行。

紅領瓣足鷸喜歡棲息於水域環境，除繁殖期階段外，其餘時間通常成群聚集生活在海面，也常飛至內陸湖泊、魚塭、濕地等環境覓食休息，但甚少上岸活動。

紅喉潛鳥能飛擅泳，並以潛水的方式撈捕海洋生物為食，然而牠們的腳位於腹部後側，因此只能趴伏在地面，匍匐前進而無法走行。

海雀的腳位於下腹後端，這個完全適應潛水游泳的演化對策，使得牠們只能用直挺的姿勢站立，行走笨拙，所以海雀通常集體營巢繁殖於海島的陡峭岩壁之間，以避免長距離的走動。

point 15

Chapter 5 羽翼之外

踏水而行展輕功

我們曾在電影或武俠小說裡，看過習武之人有所謂飛簷走壁和草上飛的輕功絕技。鳥類也有行走奔跑於水面上的特技，例如小鸊鷉與白冠雞、鸊鷉等生活於水域環境的鳥類，由於腳趾的部位具有半蹼或全蹼等蹼膜的構造，平常可以類似滑槳的功能，讓牠們游行於水面，但遇到危險需要緊急逃離或追趕驅逐其他入侵者時，便會以類似起飛助跑般踩踏水面快步奔跑，並大力拍動雙翅以增加浮力，只是拍翅的頻率與力道不如起飛時的爆發力，所以提供的衝力僅能夠奔跑於水面上。

白冠雞還有一項在水面上奔跑點水的飛躍絕技，只見牠由原本悠游在水面，突然爆發衝力，將張開的雙翅下壓，以提升身體向上的浮力，緊接著闊步踩水並輔以雙翅的大力拍擊，此時下腹部已經完全脫離水面，僅以雙腳趾掌踩踏水面而行；持續拍動雙翅所產生的向上浮力，加上蹼足狂奔於水面產生的向前衝力，使得白冠雞具有踏水而行的特異功能。

小鷿鷈除了擅於利用潛水遁逃的技能之外，也經常快步踩水而行，以逃脫逼近的危險。

Chapter ⑥ Movement 飛羽生命

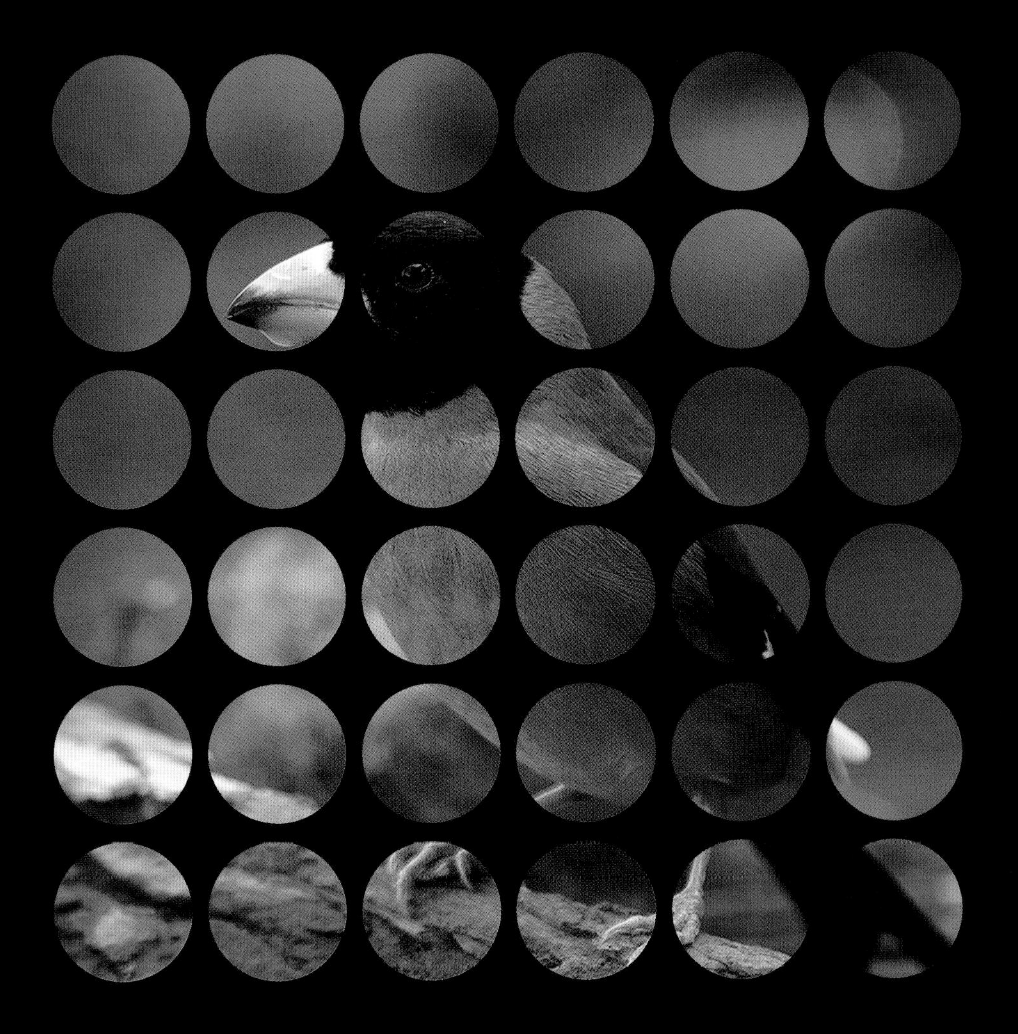

point 01

Chapter 6 飛羽生命

晚上不睡覺的鳥

入夜後，大部份的鳥類會找尋隱匿處睡眠休息，但對夜行性的鳥類而言，一天的生活才正要開始。鳥類選擇於夜間活動有不少好處，首先夜晚的氣溫舒適涼爽，不似白天酷熱，於夜間活動可以節省不少體力。其次，多數掠食者皆已停止活動、歇息入睡，夜間覓食或遷徙可減少被獵捕的風險。最後，入夜後的晦暗夜幕發揮最佳的屏障作用，出沒時不易被天敵發現；相對的，對夜間掠食者而言，隱身於昏暗夜色中，獵物不容易察覺，可增加狩獵的成功機率。

在黑暗中活動覓食的夜行性鳥類，其雙眼經長期的演化，充滿著大量的桿體細胞，可以吸收更多的光亮，即使在微弱的光線下，亦能輕易發現獵物的身影。相當適應夜間獵捕與攝食的貓頭鷹，擁有大大的雙眼，能聚集更多的光線，此外，牠們的左右耳朵的位置不對稱，一邊高一邊低，藉著左右聲音傳遞方式的差異，精準定位聲音的來源，即使不靠眼睛也能準確找到獵物。

灰面鵟鷹等日行性猛禽，利用晴朗的天候從事遷徙活動，除了基於安全性的考量之外，晴朗炎熱的白天提供產生額外浮力的上升氣流，也是主要的原因之一。而鷺科、鷸鴴科和其他小型燕雀目的鳥類，則喜歡利用晚間遷徙；牠們靠著地球磁場和星象以辨識方位，在渺茫的暗夜裡，就算是身處遼闊的海洋上空，依然能夠順利抵達目的地。雖然鳥類憑藉著優異的超感官能力，能夠輕易克服天候和地理上的障礙，卻無法因應人類對自然環境有意或無意間的干預與影響。在鷺鷥向南遷徙的秋季，燈塔用來指引來往船隻航向的聚光燈束，往往成為夜間遷徙鳥類的錯亂指標。部份缺乏經驗的鷺鷥遷徙群體，受到燈塔迴旋光柱的錯誤指示，常常無法依循正確的遷徙路線前進，整晚如同無頭蒼蠅一般繞著燈塔胡亂盤旋。

生活在中高海拔山區的灰林鴞，牠們停棲在公路兩邊的樹上，捕捉在地面活動的嚙齒類，也會守在停車場或垃圾箱旁，捕捉遊客棄置食物引來的老鼠。

蘭嶼角鴞局限分布於蘭嶼，也是典型的夜行性貓頭鷹，以昆蟲為主食。

左圖：領角鴞的頭頂具有兩束豎直的耳羽，因此常被稱為貓頭鷹。牠們通常晝伏夜出，作息時間剛好與其他日行性鳥類相反，不過牠可不像一些訛誤的傳言般，在白天完全看不見，貓頭鷹在明亮的白天仍然可以視物。

下圖：褐鷹鴞是台灣不普遍的過境鳥和冬候鳥，但也有極少數屬於繁殖的留鳥，牠們經常在山區的路燈下，捕捉遭到燈光吸引來的大型蛾類、螽蟴和甲蟲，曾在路燈底下，親眼目睹褐鷹鴞無聲無息的從天而降，以雙腳攫走一隻停棲在枝葉上的獨角仙；白天更在相同地點尋獲褐鷹鴞吃剩的食物殘渣：剩下翅鞘與部份肢足，獨缺柔軟的腹部但是還有爬行能力的獨角仙。

鶹的體型非常小，卻以獵捕其他小型鳥類為食
牠們在飄起濃霧的昏暗白天，也會頻繁活動。

日本角鴞是遷徙性夜行猛禽，過境期間經常發現被燈光吸引而撞擊建築物玻璃的大量傷鳥。

point 02 Chapter 6 飛羽生命

野鳥的睡眠與休息

鳥類的睡相不易發現，因為牠們通常選擇隱密且避風之處休息。鳥類的睡眠型態亦依據鳥種、季節、潮汐等因素有所不同。日行性的鳥類通常於入夜後有一整夜的完整睡眠，夜行性鳥兒則於白日閉目養神。涉禽的睡眠時間則配合潮汐的漲退進行，漲潮時尋找高處休息，待退潮時再甦醒覓食，每日兩次重複此循環。

很多鳥兒在夜間會聚在一起歇息，此種群聚的睡眠方式，除了可以防止夜間掠食者的襲擊外，在寒冷的季節亦可互相取暖。過境時期的燕子會數以萬計的棲息於電線上，作為群聚睡眠的處所。

大多數的鳥類睡眠時，會將會嘴喙塞進身體的羽毛中，雙腳採蹲坐姿勢，將身體縮成團狀以羽毛覆蓋，以減少睡眠時的熱量散失，棲息於水域的許多涉禽為減少身體裸露於羽毛外的面積，更以單腳站立的姿勢進行睡眠。樹棲性的鳥類休息時，腳趾肌腱會緊繃，使趾爪自然彎曲而緊緊攀住樹枝，讓牠們不至於在睡眠時摔落。

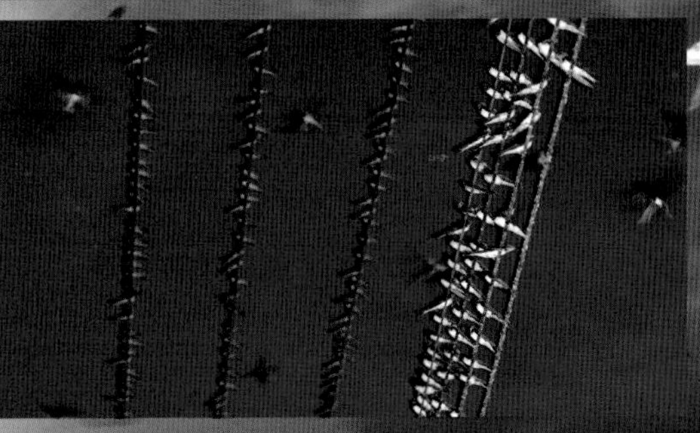

每年在8至9月份之間，大量過境的家燕集結，夜棲於巷弄之間的電線上而顯得熱鬧異常：絕大多數的居民習以為常，與遠道而來的這群嬌客相安無事。每天當夕暮西下，從四面八方即時湧現的上萬隻燕影低空掠過，就在盤旋幾回合之後，天空的點點鳥影突然驟減，原來家燕已經全數降落，停棲在安全避風的巷弄之電線上。當夜棲地點一經選定並停棲妥當，除非突發的大規模騷擾，否則主群不會輕易變動夜棲地點，在夜深人靜巷弄居民盡皆入睡之際，燕群也跟著抖鬆羽毛埋頭沈睡。等到清晨五時，所有家燕幾乎同時醒來，就在短暫的高歌躁動和舒展筋骨之後，頃刻間恢復寂靜全數淨空，整個燕群如同蒸發般消散得無影無蹤。

1. 在宜蘭出現的黑面琵鷺度冬族群，飽食後棲立於田埂上，無懼寒風細雨，將嘴喙藏在羽毛中休息。

2. 3中杓鷸等地棲性鳥類在休息時通常會採取站姿，並將嘴喙藏於羽毛之中，僅露出眼睛監視周邊動靜，但在安全無虞的環境，為了減少強風的吹襲，也會採用趴姿。

4. 赤足鷸在漲潮時，成群從覓食的灘地飛至乾燥陸地理羽休息，等到潮水退去之後，才回到潮間帶繼續尋找食物。

5. 鴨子漂浮在水面上休息，並不時以蹼足當作槳在水底划動，以免被水流越帶越遠。

6. 鷸鴴科涉禽在漲潮時，常聚集在岸邊休息等待潮水退去。

7. 蠣鴴聚集在被潮水包圍猶如孤島的陸地上，個體間零星的衝突也隨著水位的不斷升高而頻繁上演，隨著主群接連飛離，僅剩堅守陣地的少數個體，最後也終將棄守。

8. 竹雞雖然習慣在地面上行走覓食，並藉著隱藏於草叢間躲避敵害，然而牠們夜間棲息睡覺時，卻選擇飛上濃密的枝葉間，以避開地棲性掠食動物。

9. 綠鳩仗恃著優異的保護色，在飽食雀榕果實之後，直接停棲於枝頭上閉目休息。

10. 環頸雉與其他雉科鳥類，都喜歡在入夜前飛上特定的茂密枝葉間停棲睡覺，以躲避地面的掠食動物，在一夜好眠、天色微亮之際，才又回到地面從事一天的活動。

point 03

Chapter 6 飛羽生命

雨中即景

多數鳥類的尾羽基部具有尾脂腺構造，鳥類在平時保養羽翼時，會將此腺體的油脂仔細均勻的塗抹於羽毛表面，使羽毛油亮潤澤，並達到防水的效果。也因此只要雨勢不過大，雨滴會順著魚鱗狀排列、覆蓋整齊的光滑羽翼表面滴落，鳥兒們仍可繼續覓食與活動。細細欣賞微雨中的鳥兒，往往可以發現多了柔焦般的詩意與美感。不過當雨勢過大時，鳥兒仍有弄濕羽毛的顧慮，通常會尋找建築物或樹葉下方躲雨。渾身絨毛的幼鳥，因為身上的羽翼尚未齊全，而且尚未具備發達的尾脂腺體保護，很容易因為淋濕而失溫，禁不起長時間大量雨水的澆淋，所以體貼的親鳥會以羽翼為幼雛擋風遮雨。

左頁圖：儘管春雨料峭，冬日寒意猶未完全消褪，山桐子又是豐收的一季，也吸引了白頭鶇等稀有罕見的鳥類終日攝食；雖然整天霪雨霏霏，但是鳥類活動頻繁，熱量消耗也比較快，因應之道便是得冒著細雨努力覓食，以補充寒冷天氣裡所流失的熱量。

1. 防汛道路的正中央，小環頸鴴將卵產在幾顆細碎石子所鋪陳的簡陋巢中，雖然往來的車輛非常少，但牠也巧妙的選擇了這個只能由車身跨越，卻不會被輪胎輾壓的位置來築巢。由於河岸環境空曠毫無遮蔽，有一天中午一場超大豪雨驟然降下，幾乎淹沒了地面，小環頸鴴親鳥儘管羽翼浸濕，但是唯恐發育中的卵一旦淋雨將有失溫的危險，盡職的親鳥還是在飄搖的強風暴雨之中，堅守崗位屹立不搖。

2. 翠翼鳩只用幾根纖細樹枝堆疊而成極其簡陋的巢，終於禁不起連日大雨的襲擊，巢連同幼鳥一起掉落至地面；雖然午後雷雨仍然每日驟降，但親鳥對雛鳥還是不忍離棄，除了持續餵食之外，降雨時還會將幼鳥覆蓋在羽翼或胸腹部下方，以免幼鳥淋溼。

3. 褐頭鷦鶯在下雨天也要竭盡所能的捕捉食物，來滿足幼鳥嗷嗷待哺的黃口。

4. 灰面鵟鷹等日行性遷徙猛禽，每當橫渡海洋時，若遇狂風暴雨，勢必因為沒有落腳地點而終將葬身大海，所以牠們具有極其敏銳的天氣預測能力，並藉以巧妙迴避繞過雷雨暴風區域或是乾脆折返陸地；但是如果牠們仍在陸地而尚未出海，通常會選擇在原地停留並積極獵捕食物，以補充長途飛行的高能量消耗。

5. 黃鸝以草莖葉片和少量人造材料構築而成吊籃般的巢，懸掛在纖細枝梢末端，幾經風雨吹襲搖搖欲墜，當幼鳥日益成長體重漸增，再加上巢材吸飽水分所加諸的重量，將巢枝壓得垂頭不起。但是比較令人擔心的是，連日不曾間歇的大雨，僅僅靠著巢上的稀疏葉片遮擋，起不了任何保護幼鳥的實質作用，黃鸝親鳥也知道這個窘境，因此除了竭盡所能頻繁帶回食物，希望幼鳥能快快長大，以脫離狹小巢室的桎梏之外，當雨勢加大時，親鳥更會進巢覆蓋，以肉身抵擋雨水的直接澆淋。當雨水稍歇，親鳥又得馬上外出尋覓食物填飽幼鳥的迫切索食。

point 04

Chapter 6 飛羽生命

強敵環伺

鳥類的天敵不少，常見的肉食性天敵，包括會吞食蛋、幼鳥甚至成鳥的蛇類、以小型鳥類為食的猛禽、喜食野鳥的貓等。在弱肉強食的世界中，許多雜食性的動物，如鴉科鳥類、猴子、松鼠、野狗等，亦會侵襲鳥類，牠們常會接近騷擾鳥兒的巢穴，待親鳥不察時，伺機偷取或攫捕巢中的幼鳥與營養豐富的卵，還會追擊受傷病弱的鳥兒以補充蛋白質。

其實，鳥兒最大的天敵應是人類。人類設下陷阱或使用獵槍大量捕捉擊殺野鳥，只為滿足其食用、賞玩、炫耀、收藏、驅趕等種種自私的目的。人類大量的捕殺，破壞了原有食物鏈的正常循環輪替，再加上各種棲息環境的嚴重破壞，許多鳥類族群瀕臨了滅絕的危機。

然而包括人類在內的所有生物，今後將面臨的另一個更大的危機，就是驕傲無知的人類自以為人定勝天，恣意主宰操弄和破壞環境，已經導致地球生態嚴重失去平衡，天候異常、天災連連的地球終將反撲，不久地球生命即將面臨嚴重浩劫。

1. 赤尾青竹絲等蛇類經常盤據在灌叢的枝葉間，幾乎完全不動的等待著獵物自己送上門來，青蛙、蜥蜴、老鼠與粗心的鳥類都是牠的菜單。

2. 專門以獵捕鳥類為食的蒼鷹，憑藉著爪尖嘴利和優異的飛行技巧與耐心埋伏守候的毅力，十足是鳥類的終極殺手。

3. 野貓身手矯健並擅長不動聲色的趴伏靠近獵物，與生俱來就有優異的獵人本能，對鳥類威脅不容小覷。

4. 由於人類大量棄養野狗，已經在野外自行繁衍，牠們憑藉著求生的本能，擅長群體活動，以圍捕鳥類和其他動物為食，已經開始危害到野鳥的棲息環境。

5. 部份人類為了滿足飼養把玩或是欣賞的私利，捕捉野鳥加以販售，除了影響生態平衡，毫無節制的獵捕也對野鳥生存造成莫大的影響。

6. 人類是鳥類的終極天敵，擅長利用各種工具，毫無節制的大量獵捕具有經濟價值的各種動物，就連居於食物鏈高層的猛禽（中捕獸夾陷阱的澤鵟），和機伶的紅尾伯勞也難逃人類的毒手。

point 05

Chapter 6 飛羽生命

生命無常

生老病死是動物的生命循環，鳥兒亦是如此。剛學習獨立的幼鳥，對於生活能力的學習與掌握尚未熟練，也許因為無法找到足夠的食物，也許因為找不到安全的棲息處所等種種原因，導致這個階段的鳥兒相當容易夭折。但經驗豐富的成鳥，也不是從此一帆風順，仍然必須面對種種天災人禍的考驗，包括遭到虎視眈眈的掠食者捕食、大自然中狂風豪雨等天災侵襲，還有遷徙時的精疲力竭等等狀況，都讓許多鳥兒無法安享天年。

此外，人類種種有意無意的活動，亦嚴重危及鳥類的生存。自然環境的大片開發與過度的捕獵，使得某些鳥類族群難以延續；大量殺蟲劑與殺草劑的使用，導致鳥類中毒死亡，或讓其繁殖能力受損；怵目驚心的鳥網上，常吊掛著殺雞儆猴的鳥屍；橫衝直撞的汽機車，更時時讓毫無招架之力的鳥兒魂斷輪下。鳥類的演化遠遠跟不上人類科技進步的速度，越來越多鳥類的生存受到人類永無止盡的開發所威脅傷害，學習與人類共存成為現代鳥類最迫切的課題，而環境與野鳥的保育則是人類的當務之急。

1

小白鷺雖然遭到人類捕獸夾斷腳的厄運，但是隨著時序進入了繁殖期，仍然不改本色，將眼睛前端的裸露皮膚與僅剩的腳掌，轉變成淡淡粉紅的求偶婚姻色彩。

1. 五色鳥因為意外而扭斷腳脛，只能靠另一隻正常的腳與下腹支撐，才得以穩固的棲立於枝頭。
2. 黑尾鷗的亞成鳥在漁港撿拾魚屍殘骸，卻遭到釣魚線纏繞住身體，並卡在嘴喙基部，導致嘴喙無法閉合。
3. 於河口濕地覓食的裡海燕鷗，不慎被人類隨意棄置的釣魚線所纏繞，從此只能終生拖著這條透明釣魚線飛行。

1.2.鳥類的世界充滿了各種危機，剛離巢的幼鳥極易夭折身亡，就算成鳥後也會面臨陷阱獵捕、天敵捕食和天災人禍等種種生存的危機。

3.在廣大濕地裡夭折身亡的黑嘴鷗幼鳥，終將化成一堆塵土。

4.經過終日豪雨而羽翼濕濡、體溫盡失，最後趴臥在地面上的噪鵑幼鳥，雖然經過搶救，還是回天乏術。

5.飛行速度緩慢的褐翅鴉鵑，在過馬路時遭到車輛撞擊身亡，人類發達的道路系統導致鳥類棲息地破碎化，牠們可說是直接的受害者。

6.白腹鶇在樹林底層翻食落葉堆裡的昆蟲，卻受到明亮燈光指引，誤以為建築物迴廊是便捷的通道，導致一頭撞擊玻璃而身亡。

7.農民將麻雀的屍體懸掛在稻田之間，期望達到殺雞儆猴的警告功效。

8.中橫公路德基路段的烏鴉，習慣在車潮往來的路邊搜尋慘遭車輛撞擊的小型生物為食，然而聰明機警的烏鴉卻也可能因為過於專心撿拾食物，而淪為過往車輛的輪下冤魂。

9.小白鷺遭到魚塭主人殺害並高懸於岸邊，不過諷刺的是，一旁的其他鷺鷥根本無動於衷，仍然佇立岸邊繼續捕食魚類。

10.對鳥類生態缺乏認識卻又充滿敵意的菜圃主人，誤以為白腹秧雞是糟蹋作物的主要元兇，竟以陷阱捕獲之後，將之懸吊示衆，希望收到殺一儆百之效。

1

2

3

4

5
6
7
8
9
10

大樹自然放大鏡系列 3

野鳥放大鏡(住行篇)

The Secret Life of Birds (Breeding & Movement)

◎出版者／天下遠見出版股份有限公司
◎創辦人／高希均、王力行
◎天下遠見文化事業群 董事長／高希均
◎事業群發行人／CEO／王力行
◎版權暨國際合作開發協理／張茂芸
◎法律顧問／理律法律事務所陳長文律師
◎著作權顧問／魏啟翔律師
◎社址／台北市104松江路93巷1號2樓
◎讀者服務專線／（02）2662-0012 傳真／（02）2662-0007；2662-0009
◎電子信箱／cwpc@cwgv.com.tw
◎直接郵撥帳號／1326703-6號 天下遠見出版股份有限公司

◎撰 文／許晉榮
◎攝 影／許晉榮
◎編輯製作／大樹文化事業股份有限公司
◎網 址／http://www.bigtrees.com.tw
◎總 編 輯／張蕙芬
◎主 編／吳尊賢
◎美術設計／黃一峰

國家圖書館出版品預行編目資料

野鳥放大鏡. 住行篇 = The secret life of birds : breeding & movement / 許晉榮撰文攝影. -- 第一版. -- 臺北市 : 天下遠見, 2008.09
面； 公分. -- (大樹自然放大鏡系列 ; 3)

ISBN 978-986-216-200-2(精裝)

1. 鳥 2. 賞鳥 3. 動物圖鑑 4. 臺灣

388.833025 97015644

◎製 版 廠／佑發彩色印刷有限公司
◎印 刷 廠／立龍彩色印刷股份有限公司
◎裝訂廠／精益裝訂股份有限公司
◎登 記 證／局版台業字第2517號
◎總 經 銷／大和書報圖書股份有限公司 ◎電話／（02）8990-2588
◎出版日期／2008年9月12日 第一版
／2008年11月10日 第一版第2次印行
◎ISBN:978-986-216-200-2
◎書 號：BT4003 ◎定 價／480元

BOOKZONE 天下文化書坊 http://www.bookzone.com.tw

The Secret Life of Birds

Breeding & Movement